石榴财智中心

工业遗存建筑城市更新实践

肖鲁江 著

东南大学出版社・南京

内容提要

石榴财智中心是对 20 世纪六七十年代的粮油库的改造项目，旨在将其改造成高品质的文化创意产业基地。

本书详细记录了对原厂址进行的改造历程，论述并呈现了石榴财智中心改造的缘起、过程、构思设计和实施成果；设计中提出了城市修复与建筑赋能的设计理念，将有价值的建筑悉心修复并赋予其新的功能，探索了城市更新中老旧建筑改造的可行之路。

本书可供城市更新相关从业者、建筑师、规划师，以及社会公众阅读参考。

图书在版编目（CIP）数据

石榴财智中心：工业遗存建筑城市更新实践 / 肖鲁江著. —南京：东南大学出版社，2022. 8

ISBN 978－7－5766－0196－1

Ⅰ. ①石… Ⅱ. ①肖… Ⅲ. ①工业建筑-旧建筑物-改造-研究-南京 Ⅳ. ①TU270.7

中国版本图书馆CIP数据核字（2022）第147895号

责任编辑 戴 丽 **责任校对** 张万莹 **封面设计** 肖鲁江 **责任印制** 周荣虎

石榴财智中心 —— 工业遗存建筑城市更新实践

Shiliu Caizhi Zhognxin —— Gongye Yicun Jianzhu Chengshi Gengxin Shijian

著　　者 肖鲁江
出版发行 东南大学出版社
社　　址 南京四牌楼2号
邮　　编 210096
电　　话 025-83793330
网　　址 http://www.seupress.com
电子邮件 press@ seupress.com
经　　销 全国各地新华书店
印　　刷 上海雅昌艺术印刷有限公司
开　　本 889 mm×1194 mm 1/20
印　　张 7.5
字　　数 200千字
版　　次 2022年8月第 1 版
印　　次 2022年8月第 1 次印刷
书　　号 ISBN 978-7-5766-0196-1
定　　价 88.00元

石榴财智中心

工业遗存建筑
城市更新实践

前言　FOREWORD

“让居民望得见山、看得见水、记得住乡愁”，这是以人为核心的新型城镇化的要求，也戳中了一些改造项目的软肋。尤其是一些既有建筑在改造之后，虽然面貌焕然一新，但很多曾经让人留恋的东西却荡然无存。人们或多或少有这样的担忧：快速的、大规模的城镇化会不会使“乡愁”无处安放？要在城镇化进程中留住乡愁，不让“乡愁”变成“乡痛”，一个重要方面是要留住、呵护并活化城市的记忆、建筑的记忆。如何在城市更新过程中既让老旧的建筑通过改造适应新的功能需求，又能保留其原始的一些风貌特征和文化韵味？建筑师们一直在努力寻求其中的平衡点。

南京石榴财智中心项目系通过对南京市粮食局草场门粮油库原址建于 20 世纪六七十年代的油库、粮库及附属配套用房改造而成。因南京市政府对秦淮河沿岸改造及秦淮河河道建闸禁航，致使粮油库无法继续按原功能使用。粮食局携手江苏石头城文化产业发展有限公司及南京城镇建筑设计咨询有限公司，合作开发与改造了本项目。团队希望将其改造成高品质的文化创意产业基地。

项目基地保留下来的工业遗存建筑本身承载着深厚的故事，周边的秦淮河、石头城公园、清凉山、南京明城墙等有着悠久的历史。有效利用场地及周边的现有有利条件激活建筑及周边环境，使项目与周边社区及整个城市建立起积极的联系，激发项目乃至类似区域的城市活力和发展潜力，是本项目设计团队的主要目标与责任，也是未来城市更新需要探索的一条道路。

石头城是金陵文化的发源地。公元前 333 年，楚威王构筑金陵邑；公元 212 年，孙权兴建石头城。千百年来，石头城伴着脚下的秦淮河水，惯看秋月春风，见证了一代代王朝的兴替，目睹了无数英雄豪杰的登场和落幕。石榴财智中心背靠石头城遗址公园和南京明城墙，西临秦淮河，北临城市绿地公园，徜徉于历史、绿景和水波荡漾之中。项目以“砖文化”为主题，在尊重历史、保护历史的同时，截取历史片段，赋予建筑新的艺术生命力。团队希望创造一种图景，通过建筑既有的表情，让人既能感知南京城历史的厚重，又能在此畅想未来。历史和未来在这里取得联系，形成连接记忆的时空回廊。

石头城 6 号占地 24 300 ㎡，原有建筑及设施包括粮库、油罐、办公楼及部分附属用房，共计 24 栋，总建筑面积约为 48 000 ㎡。其中大部分建筑建于 20 世纪七八十年代，其形体过于工业化，立面陈旧，年久失修。内部路网较规整，呈“井”字形网格，与城市路网有两个连接口，基本满足园区内部使用要求，但整个路网体系与西侧秦淮河、北侧城市绿地连通性不够。基地整体布局较为凌乱，形体感差；建筑形象不统一，沿秦淮河建筑体量过大，影响大环境景观；油罐数量过多，不能满足现代使用功能的要求。

设计提出了城市修复与建筑赋能的设计理念，将有价值的建筑悉心修复并赋予其新的功能。从整理场地和建筑关系开始，尊重并保留了大部分原有的内部路网和建筑布局。通过对原有建筑的改建、复建，把建筑体量减小。丰富内部空间，通过半围合的庭院空间和灰空间，强调空间的节奏感和序列感。局部加疏散钢梯，架空底层，增加空间趣味性。采用相对温和介入的改扩建设计和施工方式修复原来厂房，拆除阳台，增大开窗，更换墙砖，归整立面。将传统的砖砌技术和工艺与新的建筑材料在原有建筑上形成对比、发生碰撞，在重新利用原有内部空间的同时展现新的建筑形象与建筑意境。

改造后的石头城 6 号，具有新秦淮河文化特征与石头城文化底蕴，是以设计类、创意型企业为主要服务对象，集文化办公、展览展示、拍卖交易、交流发布为一体的高端文化商务园区。空间类别包括别墅式商务公馆、独栋式商务楼、LOFT 创意办公空间、时尚展览发布中心及临河休闲配套。别墅式商务公馆单体面积约 1 000 ㎡。每栋公馆均拥有独立车位、自享庭院。置身其中，企业可以不受干扰地安享属于自身的空间；推开窗，水边的清新空气扑面而来，绿地公园的景色尽收眼底。

“曲径通幽处，禅房花木深。”环境清幽，鸟语花香。此刻的石头城 6 号更像一个开放式的原生态公园。这里远离城市中心的喧嚣，繁花与绿树贯穿整个园区。低密度的建筑不仅大大提升了办公舒适度，还为园区办公的企业带来了超大视野与景观。选择在这办公，仿佛有种大隐隐于市的意境。经过设计改造，使厂房低矮、杂乱肮脏、隐患重重、污染频发、业态低下、用地低效等问题迎刃而解，食用油脂仓库摇身一变升级为现代化时尚办公楼宇。产业也更新换代了，轻松、愉悦的办公氛围让创作思维不再受到环境的局限，越来越多的企业在这片土地上尽情释放着它们的无限潜能。

好的建筑师不单单是纯粹的技术方案提供者，更应该通过设计对未来的使用者提供人文关怀。园区既满足了业主的功能和运营需求，又满足了为城市创建美好空间的环境需求，同时也保持了与石头城附近居民的亲近，保留了这里的历史与回忆，使建筑及其围合的空间通过人们对它的切身体验被评估、被理解。空间与材料、光线与阴影、声音与肌理、天高与地远……所有这些因素在人们的体验中交织在一起，组成了能够呼应人们日常工作的场景。人们在这个空间中安定下来，这个空间也驻扎于人们的内心。只有当建筑被体验时，当它为人们日常生活的行为和仪式提供发生的场景时，它才有了意义……

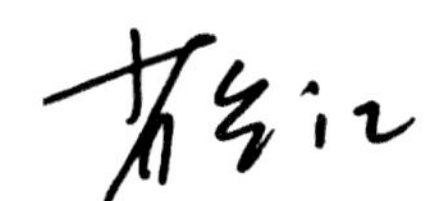

目录 INDEX

00 城市更新 Urban Renewal

概念与内容

政策法规研究

借鉴意义

概念与内容

概念

城市更新是一种将城市中已经不适应现代化城市社会生活的地区做必要的、有计划的改建活动。城市更新（Urban Renewal）一词最早出现在 1954 年美国的住宅法法案中。1958 年 8 月，第一次城市更新研讨会在荷兰海牙召开（The Hague,1958. New Life for Cities around the World：International Handbook on Urban Renewal），会上首次对城市更新的理论概念进行了阐述。

生活在城市中的人，对于自己所居住的建筑物、周围的环境或出行、购物、娱乐及其他生活活动有各种不同的期望和不满。对自己所居住的房屋进行修理改造，对街道、公园、绿地和不良住宅区等环境进行改善，以形成舒适的生活环境和美丽的市容，这样的城市建设活动就是城市更新。

城市更新的目的是对城市中某一衰落的区域进行拆迁、改造、投资和建设，以全新的城市功能替换功能性衰败的物质空间，使之重新发展和繁荣。它包括两方面的内容：一方面是对客观存在实体（建筑物等硬件）的改造；另一方面是对各种生态环境、空间环境、文化环境、视觉环境、游憩环境等的改造与延续，包括邻里的社会网络结构、心理定式、情感依恋等软件的延续与更新。在欧美各国，城市更新起源于二战后对不良住宅区的改造，随后扩展至对城市其他功能地区的改造，其重点落在城市中土地使用功能需要转换的地区。城市更新的目标是有针对性地解决城市中影响甚至阻碍城市发展的问题——这些城市问题的产生既有环境方面的原因，又有经济和社会方面的原因。

内容

国外城市更新内容

1. 防灾减灾对策；
2. 交通问题对策；
3. 城市环境对策；
4. 历史街区和工业遗产地的保护与活力、魅力再生产；
5. 大深度地下空间活用对策；
6. 少子老龄化对策；
7. 国际化对策；
8. 新型商务和科学振兴对策；
9. IT 化对策（智慧化对策）；
10. 大都市群再开发、地方中小城镇振兴等；
11. 对民间事业者的金融支援措施。

国内城市更新内容

1. 加强基础设施和公共设施建设，提升公共服务供给能力；
2. 优化区域功能布局，塑造城市空间新格局；
3. 提升整体居住品质，改善城市人居环境；
4. 加强历史文化保护，塑造城市特色风貌，推进历史文化保护及活化利用；
5. 提供高质量的产业发展空间；
6. 强化多方主体权益保障；
7. 加大对城市更新微改造的支持力度。

国内城市更新背景

中国城市更新开始于1970年代，各个阶段的城市更新发力点均有所差异，经历了从前期的棚户区改造，到老旧小区改造，再到如今的城市更新，其内涵更加丰富，目标也更加多样化（涉及经济、社会、文化、生态等方面）。

第一阶段：1970—1990年代在文化保护基础上的旧城改建阶段。为了改善城市居民居住条件和保护旧城区，北京、上海、广州、南京、合肥、苏州、常州等城市相继开展了大规模的旧城改造工作。

第二阶段：1990—2009年大规模更新改造阶段。1994年《国务院关于深化城镇住房制度改革的决定》公布，市场机制的引入使旧城区土地得以增值。自此，北京、上海、广州、南京、杭州、深圳等城市开展了大规模的城市更新活动，涌现了北京798艺术区更新实践、上海世博会城市最佳实践区、南京老城南地区更新、杭州中山路综合更新、常州旧城更新以及深圳大冲村改造等一批城市更新实践与探索，更新重点涉及重大基础设施、老工业基地改造、城中村改造等多种类型。但与此同时，也发生了一些破坏历史风貌、激化社会矛盾的问题。

第三阶段：2009—2019年棚户区和危房改造阶段。由于一些国有工矿棚户区、城中村等住宅危旧，住房条件差，亟待改造，党中央、国务院做出一项重大决策，大规模推进保障性安居工程。目前棚改基本结束。

第四阶段：2019年至今的城市更新阶段。2019年12月，中央经济工作会议首次强调了“城市更新”这一概念。2020年11月，时任住建部部长王蒙徽发表题为《实施城市更新行动》的文章，进一步明确了城市更新的目标、意义、任务等。2021年《政府工作报告》中提出，“十四五”时期要“实施城市更新行动，完善住房市场体系和住房保障体系，提升城镇化发展质量”，未来5年城市更新的力度将进一步加大。2021年3月12日发布的《中华人民共和国国民经济和社会发展第十四个五年规划和2035年远景目标纲要》规划中明确提出要加快推进城市更新，改造提升老旧小区、老旧厂区、老旧街区和城中村等存量片区功能，推进老旧楼宇改造，积极扩建新建停车场、充电桩。根据规划，“十四五”期间计划完成2000年底前建成的21.9万个城镇老旧小区改造，基本完成大城市老旧厂区改造，改造一批大型老旧街区，因地制宜改造一批城中村。

政策法规研究

国家层面

在“城市更新”概念提出之前，我国初期推行的是“棚户改造”行动、“旧改”工程等——也均属于城市更新的范畴；但与“棚改”“旧改”相比，城市更新涉及的范围更广、市场化程度更高，除了居民住宅，城市更新的对象还包括工业厂房、商业设施等。

2021 年，城市更新首次被写入《政府工作报告》；《中华人民共和国国民经济和社会发展第十四个五年规划和 2035 年远景目标纲要》中也提出将实施城市更新行动，推动城市空间结构优化和品质提升——城市更新已升级为国家战略。

2021 年，时任住房和城乡建设部部长王蒙徽在《实施城市更新行动》中指出：实施城市更新行动，总体目标是建设宜居城市、绿色城市、韧性城市、智慧城市、人文城市，不断提升城市人居环境质量、人民生活质量、城市竞争力，走出一条中国特色城市发展道路。主要任务包括：

1. 完善城市空间结构；
2. 实施城市生态修复和功能完善工程；
3. 强化历史文化保护，塑造城市风貌；
4. 加强居住社区建设；
5. 推进新型城市基础设施建设；
6. 加强城镇老旧小区改造；
7. 增强城市防洪排涝能力；
8. 推进以县城为重要载体的城镇化建设。

2022 年《政府工作报告》中明确提出：提升新型城镇化质量。有序推进城市更新，加强市政设施和防灾减灾能力建设，开展老旧建筑和设施安全隐患排查整治，再开工改造一批城镇老旧小区，支持加装电梯等设施，推进无障碍环境建设和公共设施适老化改造。健全常住地提供基本公共服务制度。加强县城基础设施建设。稳步推进城市群、都市圈建设，促进大中小城市和小城镇协调发展。推进成渝地区双城经济圈建设。严控撤县建市设区。在城乡规划建设中做好历史文化保护传承，节约集约用地。要深入推进以人为核心的新型城镇化，不断提高人民生活质量。

借鉴意义

国内案例研究

通过系统的改造，老旧设施得以重建，社区的闲置低效空间通过提升改造得到利用，这不仅拓展了老旧园区的盈利渠道，同时也为周边居民提供了丰富的社区服务。通过相关案例研究发现，政府通过改造计划实施生态和艺术改造，使被破坏的生态环境得以修复，打造了文化和生态共享的生活空间，同时为国家双碳战略做出了贡献。

通过系统的改造，原城市空间肌理得以延续，历史原真性得以保留，同时多样性的城市美学观也得到了展现；受益者也从原来只有政府和开发商转变为政府、开发商和项目业主三方。

国外案例研究

以纽约高线公园为例，通过系统的改造保护了宝贵的历史遗迹，改造后的公园不仅为市民提供了更多的户外休闲空间，还成功地降低了周边社区的犯罪率，使周边的商业开发项目激增并提高了周边房地产的价格。

以伦敦港区为例，通过系统的改造，战略性地逐步转变了城市功能，摒弃劣势产业，按各地特点引入新型产业，为城市带来新的生机。

城市更新的过程都是艰难的，如果改造前期对城市定位失误就会导致改造失败。城市更新往往是在不停的试错中不断地探索，最终取得成功。

01 历史文化 History & Culture

南京城墙历史与文化

秦淮河历史与文化

石头城公园历史与文化

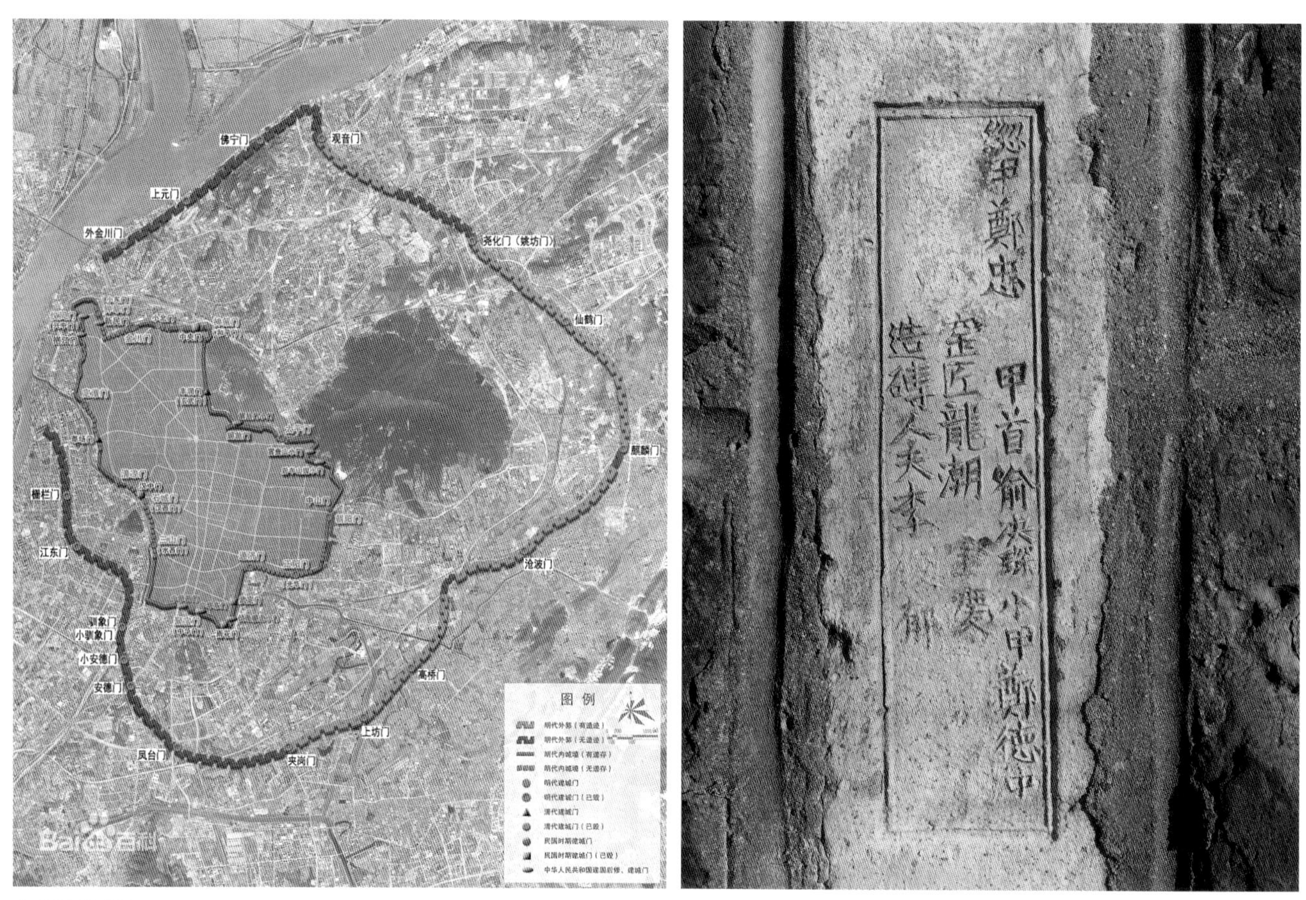

▲ 南京城墙范围

图片来源：百度百科“南京明城墙”词条概述图册

▲ 明城墙城砖

南京城墙历史与文化

南京明城墙修筑于元末明朝，建于 1366 年到 1393 年，历时 28 年建成，是世界第一大城垣，由内向外形成了宫城、皇城、京城、外城等四重环套的格局。南京明城墙不遵循古代都城取方形或者矩形的旧制，设计思想独特、建造工艺精湛、规模恢宏雄壮，在钟灵毓秀的南京山水之间，蜿蜒盘桓达 35.3 km，而明代南京的外郭城墙周长更是超过 60 km。

南京明城墙“因天时就地利”，依山傍水而建，是中国礼教制度与自然相结合的典范，是古代都城建设的杰出代表，是人类共同的文化遗产。

南京明城墙为中国古代军事防御设施、城垣建造技术集大成之作，在历史价值、观赏价值、考古价值以及建筑设计、规模、功能等诸方面，国内外其他城墙都无法与之比拟。其可谓是中国一大历史奇观。

1988 年南京明城墙被确认为全国重点文物保护单位；2012 年 11 月，作为“中国明清城墙”项目的牵头者被列入中国世界文化遗产预备名单。

南京明城墙特征

平面形制方面：非方、非圆，多角不等边。高矮随地势起伏而定，各处宽窄不尽相同，最高处 20 多 m，最低处 10 余 m；最宽处约 10 m，最窄处 3—4 m。

墙基处理方式：第一类，条石墙，内部以块石、乱石与黄土夯填或以碱砖砌筑；第二类，城砖墙，内部以城砖砌筑或以黄土和块石夯填；第三类，条石、城砖混砌墙，内部以城砖砌筑或以城砖和土干叠；第四类，包山墙，内部为山体。砌石与包砖方面：条石一般长 60—120 cm、宽 90 cm、厚 35 cm；城砖大约长 40—44 cm、宽 20—22 cm、厚 11—13 cm；部分是用高岭土烧造的“瓷砖”。城砖之上大多刻有铭文，依据铭文，有江苏、江西、安徽、湖南、湖北 5 省及 28 府、152 县等不同的单位参与城墙建造。

城门方面：共有 13 座，为券洞式砖砌门洞，上建城楼。其中 7 座城门之外建有瓮城，包括内瓮城 6 座、外瓮城 1 座。内瓮城中有聚宝、通济和三山三门具有三重瓮城，每座城门都设有双扇木门和千斤闸。聚宝门瓮城开辟有 27 个藏兵洞，通济门瓮城平面呈船形。

水关与涵闸方面：在跨越内秦淮河的城墙地段修有结构基本类似的东、西水关。东水关三层共 33 个券洞，下层 11 个券洞通水，上层 22 个券洞增加水关的机动防御能力。除此之外，还在内外河流、湖泊进出水处设置涵闸十多座。

雉堞与女儿墙方面：墙顶内侧筑女墙，外侧筑雉堞 13 616 个。

角台与角楼方面：情况不详，也未见记载，到目前为止，考古学家还没有发现遗迹。

窝铺方面：根据史书记载有窝铺 200 座，但到目前为止，未见遗迹。

排水方面：城墙顶部用桐油、黄土、石灰拌和封顶。墙体自上而下有防水层，墙体内壁沿口有石质明沟汇城顶之水，并由石质水槽导入城下阴沟。

护城河和吊桥方面：利用周边的河流和湖泊稍加开挖而成，并使之相连。吊桥不明显，尚未发现遗迹。

外城郭方面：外郭周长超过 60 km，开有 18 座城门，控制城墙之外的制高点。墙体主要为土夯城门，主要地段包砖。

▲ 南京秦淮河

秦淮河历史与文化

南京是十朝都会，至今已有 2500 多年的城市建设历史，其作为国家级历史文化名城，具有独特的自然山水和“龙盘虎踞”的天然地形。南京城市景观被人们概括为“山、水、城、林”，优越的天然地形和丰富宝贵的文化底蕴是南京建设成为世界上独特风貌城市的宝贵资源。

内外秦淮河自古就是南京赖以发展的天然优势条件。秦淮河几乎把古代南京城市东南方向围合起来，成半包围态势，形成了南京天然的护城河。如今，南京外秦淮河及其周边地区作为南京著名的风景区之一，是南京城市最为重要的景观。

以外秦淮河为中心，周边 1—2 km 的范围内集中了南京城市“山、水、城、林”的特色，并且还增加了“江”的开阔，是集自然山水和历史文化为一体的风水宝地，是南京成为历史文化名城的宝贵资源。其中，“江”指长江及与长江交汇的秦淮河口，“山”指清凉山，“水”指莫愁湖、南湖等水景资源，“城”指中华门城堡、中华门等周边资源，“林”指运粮河口野生芦苇荡及湿地、岛景、片林等生态空间。

秦淮河是南京的母亲河，它见证了南京整个城市发展的历史，在南京乃至全国都具有很重要的历史文化地位。

从文化上来说，秦淮河的历史中，承载着政治军事、诗酒风流、文化艺术、秦淮风月与市井商贸的繁华，这是我国独有的地方特色文化，也是文化审美的一个重要部分。

秦淮河不单单是一条流动的河流，它的历史文化价值更甚于它的河流功能，它周边的文物古迹和环境在南京历史文化建设和文脉的传承上具有重大意义。它不仅仅记录了南京城市发展的历史，也为未来南京城市的建设指出了方向。

秦淮河对南京城市景观布局具有重要的作用。秦淮风光带不仅是自然景观的轴线，也是历史文化古迹分布的一条主轴线。秦淮河的历史文化景观，不仅仅是历史时期“夜泊秦淮近酒家”的景观，还有史前时期的新石器遗址景观，体现了南京早期人类聚集和原始村落的历史风貌。

秦淮河风光带丰富的历史文化遗迹和环境是南京历史文脉的重要部分。南京城市主要分布在长江支流的秦淮河和金川河阶地，属于河谷阶地。这两条河形成了南京丘陵地区冲积平原。南京城市早期沿着秦淮河周边发展。秦淮河记录了南京发展的过程，也积淀了深厚的历史文化底蕴，成为南京历史文化保护和研究不可或缺的重要组成部分。

▲ 石头城公园（鬼脸照镜子）

石头城公园历史与文化

石头城遗址位于江苏省南京市城西干道虎踞路 87 号，面积约 19 hm²。因园内古城墙中段一块凸出的椭圆形红色水成岩经长年风化，酷似一副狰狞的鬼脸，故又名“鬼脸城”。1988 年，石头城作为“南京城墙”的一部分成为第三批全国重点文物保护单位之一。1990 年，南京在石头城基础上兴建的石头城公园成为人们踏青觅翠、发思古之幽情的好去处。

关于石头城的由来，要追溯到 2 000 多年前的战国时代。据史书记载，周显王三十六年（公元前 333 年），楚国（都城郢，在今湖北江陵西北）灭了越国（都城吴，即今苏州），楚威王设置金陵邑，并在今清凉山上筑城。公元前 223 年，楚国灭亡，秦改金陵邑为秣陵县。相传三国时，诸葛亮在赤壁之战前夕出使东吴，与孙权共商破曹大计。据说，诸葛亮途经秣陵县时，特地骑马到石头山观察山川地势。他看到以钟山为首的群山，像苍龙一般蜿蜒伏于东南，而以石头山为终点的西部诸山又像猛虎似的雄踞在大江之滨，于是发出了“钟山龙蟠，石头虎踞，乃帝王之宅也”

的赞叹，并向孙权建议迁都秣陵。孙权在赤壁之战后，迁移到秣陵，并改称秣陵为建业。第二年就在清凉山原有城基上修建了著名的石头城。当时长江就从清凉山下流过，因而石头城的军事地位十分突出，孙吴也一直将此处作为最主要的水军基地。此后数百年间，这里成为战守的军事重镇，南北战争往往以夺取石头城决定胜负。至南朝时，石头城作为保卫都城的军事要塞的地位依旧未变。古代长江绕清凉山麓东去，巨浪时时拍击山壁，将山崖冲刷成峭壁。隋文帝灭陈、摧毁建康城后，在石头城置蒋州。唐代初年在石头城设扬州大都督府。石头城在隋朝和初唐时是南京地区的中心。唐代以后江水日渐西移，唐武德八年(625)后，石头城便逐渐被废弃，故中唐诗人刘禹锡作《石头城》诗云："山围故国周遭在，潮打空城寂寞回。淮水东边旧时月，夜深还过女墙来。"诗人笔下的石头城已是一座荒芜寂寞的"空城"了。南朝（420—589）时，石头城上兴建了第一座寺庙，至五代十国杨吴顺义中（921—927）重建该寺，名之兴教寺，以后这里就成为寺庙、书院集中的风景名胜区。直到今天，它仍以"石城虎踞"的雄姿享誉中外。

据地质学研究，这里的岩层属距今大约1亿年到7 000万年的晚白垩纪的浦口组地层。清凉山到草场门之间的城墙下面有一块凸出的椭圆形石壁，长约6 m，宽3 m，因为长年风化，砾石剥落，坑坑洼洼、斑斑点点，中间还杂有紫黑相间的岩块，怪石嶙峋，远看隐约可见耳目口鼻，酷似一副狰狞的鬼脸，故石头城又被称为"鬼脸城"。南京民间有关鬼脸城的传说很多。如今在鬼脸城西侧有一处清亮的池塘，从水面的一侧可以看到鬼脸城的倒影，老南京人俗称之为"鬼脸照镜子"。

石头城是三国东吴时期孙权在赤壁之战后，于公元211年将首府由京口（今镇江）迁至秣陵（今南京），利用清凉山的天然石壁建立的军事要塞，其地势险要、气势雄伟，是历史沧桑的实物见证。站于此地，最能领会刘禹锡《西塞山怀古》和被誉为登临之绝唱的王安石《桂枝香·金陵怀古》词的意境。

石头城公园被划分为国防春晓、石城霁雪和山居秋暝三大景区，设21个景点。石城霁雪区位于公园的西侧，北至清凉山，南至清凉门，沿古城墙呈带状分布，是石头城公园的精华所在、金陵四十八景之一。而山居秋暝区在公园东侧的山林地带，此处植被浓密，生机盎然，流连其中，可感受到盛唐时代著名诗人王维那首《山居秋暝》田园诗的意境："空山新雨后，天气晚来秋。明月松间照，清泉石上流。竹喧归浣女，莲动下渔舟。随意春芳歇，王孙自可留。"清凉山和石头城一带有"城市山林"之美称，在雨后或者秋高气爽的日子游览，当会感觉名不虚传，不复有元代萨都剌《念奴娇·登石头城次东坡韵》中的凄楚与伤感。公园重修时，著名的燕王河景观也从历史的覆盖中被清理出来，重见天日，成为一条两岸郁郁葱葱的清流。不论远观还是就近审视，城墙垂柳，碧水绿树，都是一方绝佳的景致。

跨过虎踞路，清凉山公园与之遥相呼应，雄浑壮阔，宁静深沉，互为映衬。

02 规划 Planning

粮油仓库历史旧貌

文化因子提取

设计策略

粮油仓库历史旧貌

南京临江绕河，水运优势得天独厚，自古漕运十分繁荣。据《东南防守利便》记载，南京在三国时期就已开始粮食漕运，以后历代相沿。《宋史》记载："（高宗建炎）三年(1129)，又诏诸路纲运见钱并粮输送建康府户部。"《元史》记述："建康等处运粮率令海船从扬子江逆流而上。江水湍急又多石矶，走沙涨浅，粮船俱坏，岁岁有之。"

明初的漕运主要放在河运上。明太祖根据长江、太湖流域的水运特点，为了加强江西、浙江至金陵的漕运能力，征调大批民工疏浚胥河（胥溪运河，又名伍堰河、中河，介于高淳、溧阳之间，西连固城、石臼、丹阳诸湖，在安徽芜湖市通于长江，东接荆溪，由江苏宜兴通于太湖）。在溧水胭脂岗开凿天生河，并使之与秦淮河相通。到了明朝的中后期，海运又发展起来。据《明代的漕运》述，宣德五年（1430）三月，南京及直隶卫所运粮官军逐年选下西洋及征进交趾，分调北京，共计2万人。

清代，南京的粮食供应主要来源是周围各县。《金陵通纪》述："雍正十二年（1734），溧水知县关汀起运漕粮20万石于江宁府。"到了太平天国时期，南京接受安徽、江西等地的来粮。《太平天国典制通考》记述："一届四年入秋而后，上游军事渐定，动难已过，光景好转，盖皖、赣、鄂已有米粮源运来，接济（天京）矣。"清末《金陵物产风土志》载，"(南京)城中户口殷繁，本境所产不能果数月腹，于是贩和州、庐江、三河运漕之米以集于仪凤、石城、三山门外诸铺户群"。皖南各县，以芜湖、铜陵、宣城为聚集地，经青弋江集中于芜湖转运，或经青弋江直线输入南京。皖中各县以合肥、三河、舒城、无为等处为集散地，大多经芜湖转运，再经长江入南京。湖北、江西地区来粮也经长江进入南京，史称外江米。南京周围产粮区溧水、高淳、江宁等地来粮经秦淮河及其支流输入南京，史称内江米。中华门、下关、通济门、水西门、汉西门为主要集散地。现在南京七桥瓮生态湿地公园附近与秦淮河相通的一段河道仍然叫作"运粮河"，依稀可见当年漕运繁忙之景。

近代，津浦铁路、沪宁铁路（当时因为南京是首都，被称为京沪铁路）通车后，通过铁路转运粮食成为重要方式。

石头城粮油仓库及二十九中旧址

南京食用油脂仓库位于南京市石头城6号，原址有建造于1960—1990年代的一至四层的粮食仓库、粮油储罐区，以及南京市粮油储运贸易公司、南京天地禾集团有限公司办公楼功能区等。二十九中旧址位于南京食用油脂仓库与石头城公园之间，始建于20世纪90年代，有一栋四层教学楼、一栋两层副楼和一栋两层多功能厅。

▼ 旧址现状图

▲ 粮油仓库改造前总图

文化因子提取

▲ 石头城公园片区城市肌理

区域现状

石头城片区位于南京母亲河——秦淮河左岸，紧邻石头城公园，与繁华的龙江区域隔河相望，处于主城区的核心地段，交通便利，历史底蕴深厚。其独特的区位优势和优越的自然环境为片区发展文化产业创造了得天独厚的条件。石头城片区内建筑多为20世纪七八十年代所建造，无论是建筑造型还是立面色彩都已陈旧；道路两侧的商业规模小，业态复杂，形象差；整个片区的规划对周边环境特点潜力挖掘不够；沿河大面积的公共开敞空间功能性不强，缺乏生气；记载南京古城历史的石头城公园由于处于道路的尽端利用率不高。

区域优势

1. 环境特点——历史交融、山水交汇

石头城片区以清凉山脉为走向，融外秦淮河、清凉山为一体，既是南京根之所在，也是城市“龙虎文化”“清凉文化”源之所在。

石头城起于石头山（现名清凉山），又称石首城，简称石城。公元前333年楚威王在石头山上建立金陵邑，这是南京历史上建制的开始。

2. 自然资源——外秦淮河、清凉山脉

自然资源：绿水、青山、密林、古道、城郭。

其中核心为外秦淮河与清凉山呈现出的山水交汇之势。外秦淮河、清凉山脉、石头城（金陵邑）构成自然资源的完整体系。古人用龙盘虎踞来形容金陵雄伟险要的地形，即东面钟山为龙、西面石头山为虎。龙、虎是金陵城的守护神。周边环境条件优越，背山面水，闹中取静。

3. 人文资源——清凉文化、现代文化

人文资源：历史、诗词、书画、琴乐、戏剧。

其中核心为历史文化 、现代文化交融之地。“清凉文化”是指围绕清凉山的历史文化遗存中所包含的优秀历史人文积淀，代表着南京历史文化的精粹，与市井“秦淮文化”相对应。同时也是现代文化艺术与现代文明的汇聚地。今日的石头城片区汇集了江苏省及南京市众多文化艺术类大专院校、文化艺术组织、创意产业企业及文化艺术人才精英。

▲ 石头城片区街区现状

▲ 石头城公园

▲ 秦淮河风光带

“愿景”

历史建筑本身承载着深厚的故事。有效利用场地的现有条件激活园区氛围，加深项目与周边社区乃至整个城市的联系，激发项目未来的潜力，是设计团队的主要目标与责任。

“灵感”

石榴财智中心以石头城遗址为背景，以“砖文化”为主题，通过对周边历史资源的挖掘，设计造型简洁大气，精致的细部处理、考究的面砖砌法、富有进深感的叠涩透视门以及简洁明快又富有设计感的幕墙，从而使整个项目更富有品质感。让人既能感受到历史的厚重，又能在此畅想未来。

◀ 明长城砖

砖石细节 ▼▶

设计策略

筑——“传承 & 向新”

石头城片区内建筑多为 20 世纪八九十年代建造，无论建造造型还是立面色彩都已陈旧；道路两侧的商业规模小，业态复杂，形象差；整个片区的规划对周边环境特点潜力挖掘不够；沿河大面积的公共开敞空间功能性不强，缺乏生气。石榴财智中心项目占地 24 300 ㎡，原有建筑及设施包括粮库、油罐、办公楼、部分附属用房，共计 24 栋，总建筑面积约为 48 000 ㎡。其中大部分建筑由于年代久远，立面陈旧，既有建筑形象已经影响周边环境的提升，建筑功能也不能满足现在的使用功能要求。

团队认为比起拆除旧建筑、建造新建筑，将原有建筑悉心修复使其能够适应新功能需求是对项目和周边社区最有益的更新方案。通过对原有建筑的修缮、增减、功能的整合，赋予废弃的旧厂房、旧仓库以新的用途和功能。复建部分：保留部分油罐，进行改造处理，赋予新的艺术生命；将部分油罐、仓库等难以利用的设施拆除，复建小体量建筑；改建部分：将原办公楼仓库出新立面，改造建筑形体，减小建筑体量，增加开窗，规整立面，引入新的建筑材料，展现新的立面形象的同时满足现代使用功能要求。

办公楼旧貌照片 ▲

油罐 粮油仓库旧貌照片 ▲

▼ 办公楼照片

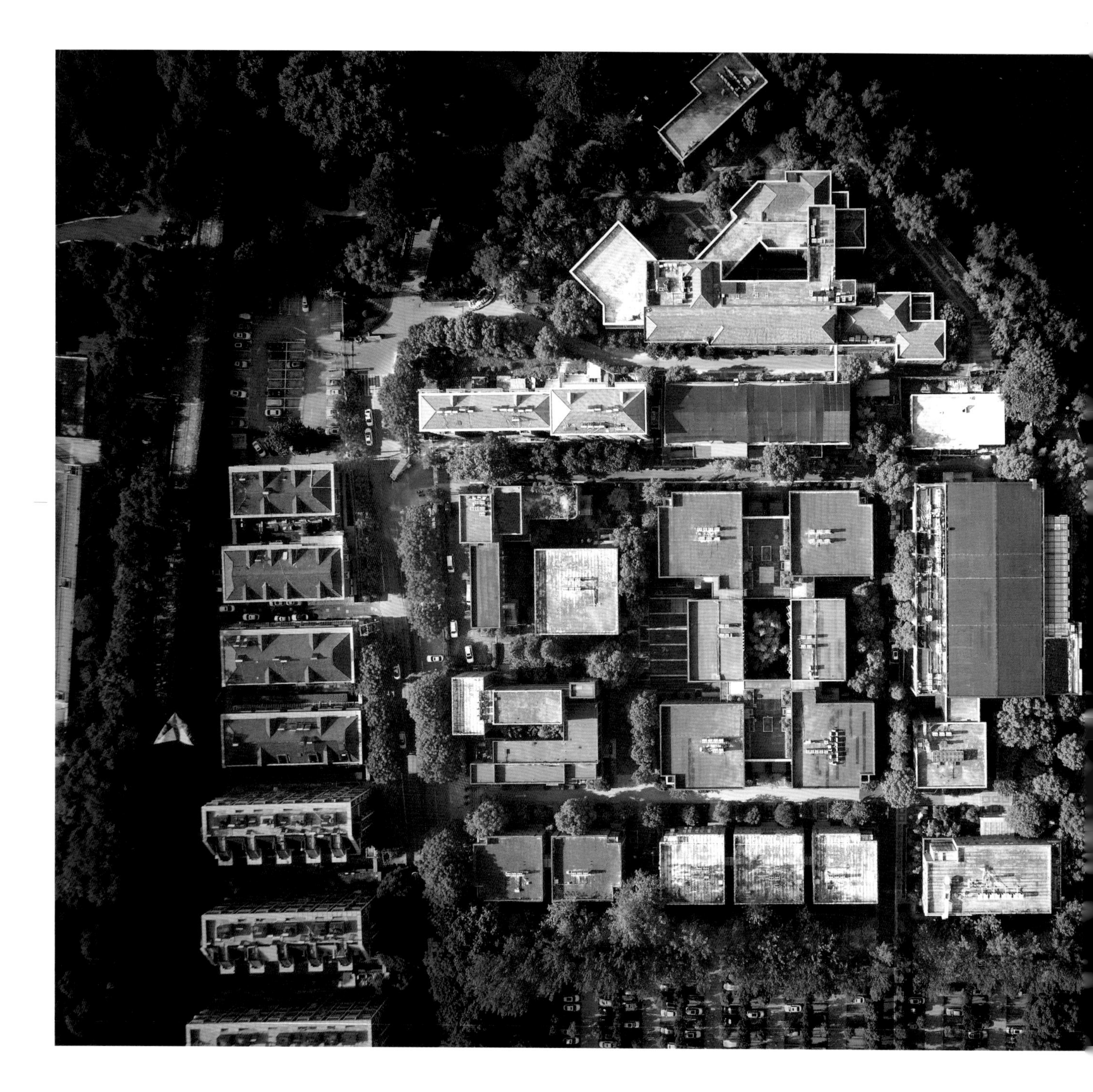

◀ 改造后场地航拍照片

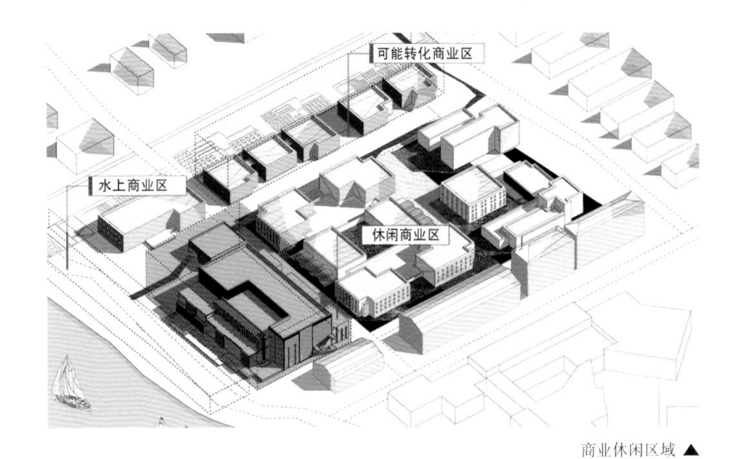

商业休闲区域 ▲

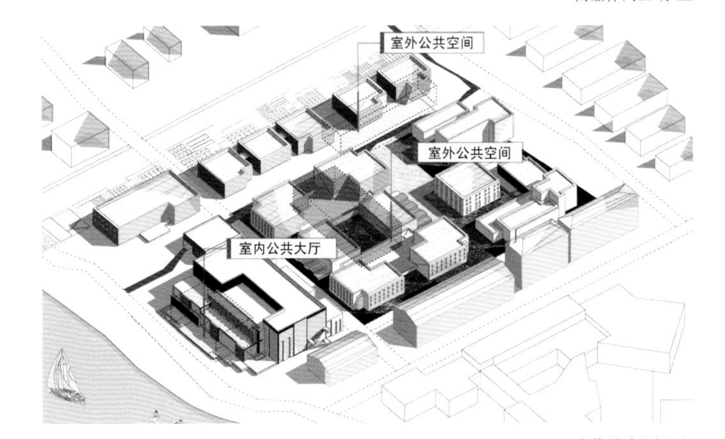

公共活动空间 ▲

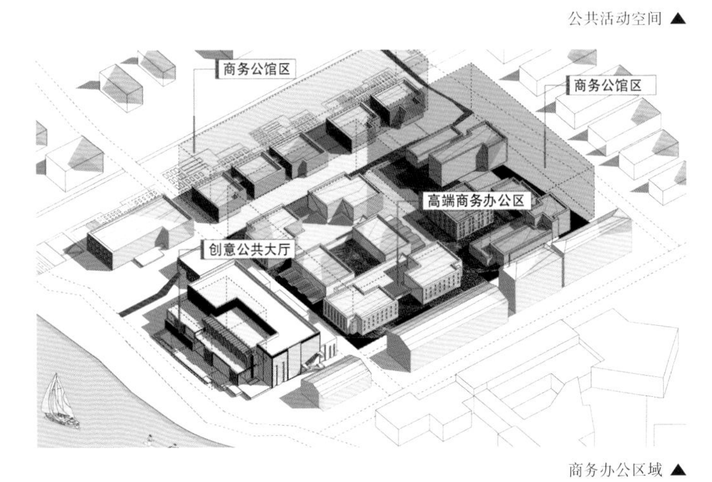

商务办公区域 ▲

错——“交错 & 拼接”

改造后的石头城 6 号将被打造成为以设计类、创意型企业为主要服务对象，集文化底蕴、创意办公、展览展示、拍卖交易、交流发布为一体的高端文化商务园区。

6 栋三层独立商务楼以回廊连通，层高 3.6 m，单体面积约 1 000—1 800 ㎡。每栋商务楼均拥有独立入口，屋顶配有逾 600 ㎡的屋顶花园，并围合出精致的中心庭院——将私密办公与小尺度公共空间的概念发挥到极致。在原有粮油仓库基础上改建 LOFT 办公空间，外立面通过钢架、钻石形幕墙、灰砖、冲孔铝板等精致处理，展现工业时代与现代文明的交错，营造充满想象力的创意空间和工作氛围。

▼ 主入口景观水池

钻石形幕墙 ▲

商务楼外墙格栅 ▲

景——“意趣 & 活力”

在景观设计中，充分利用基地内现有的资源，将现有厂房、油罐等部分构件经处理或直接做成园区的雕塑小品等景观，达到尊重历史、延续历史的理念。在方案构思中，规整布局，利用低密度的建筑提升整个办公园区的舒适度，沿河、沿城市绿地方向打开视线，开阔景观，拓宽视野。丰富内部空间，通过半围合的庭院空间和灰空间，强调景观的节奏感和序列感。

◀ 中心庭院

▼ 景观步道

03 建筑 Architecture

▼ 楼栋区位图

独栋商务楼

私密尊贵的商务领袖气质，精心打造的独立式私密办公空间。B01—B06 共 6 栋三层独栋商务楼以回廊沟通，层高 3.6 m，单体面积约 1 000—1 800 ㎡ 。每栋商务楼均拥有独立入口，屋顶配有逾 600 ㎡ 的屋顶花园，并围合出精致中心庭院，将私密办公与小尺度公共空间的概念发挥到极致。

占地面积： 3 080 ㎡
建筑面积： 9 240 ㎡

建成时间： 2009 年

◀ 商务楼 B01—B06 栋东侧透视图

◀ 商务楼 B01—B06 栋西侧透视图

▲ 商务楼 B01—B06 栋西侧透视图

◀ 商务楼 B01—B06 栋南侧透视图

▼ 商务楼 B01—B06 栋入口透视图

▲ 商务楼 B01—B06 栋庭院透视图

▲ 商务楼 B01—B06 栋连廊外景

▲ 商务楼 B01—B06 栋室外楼梯

◀ 商务楼 B01—B06 栋东北侧透视图

▲ 商务楼 B01—B06 栋连廊透视图

▲ 商务楼 B01—B06 栋东侧墙面格栅透视图

▼ 商务楼 B01—B06 栋平台景框外景

▲ 商务楼 B01—B06 栋砖墙透视图

▲ 商务楼 B01—B06 栋墙面槽钢透视图

▲ 商务楼 B01—B06 栋立面细部

▲ 商务楼 B01—B06 栋室外楼梯

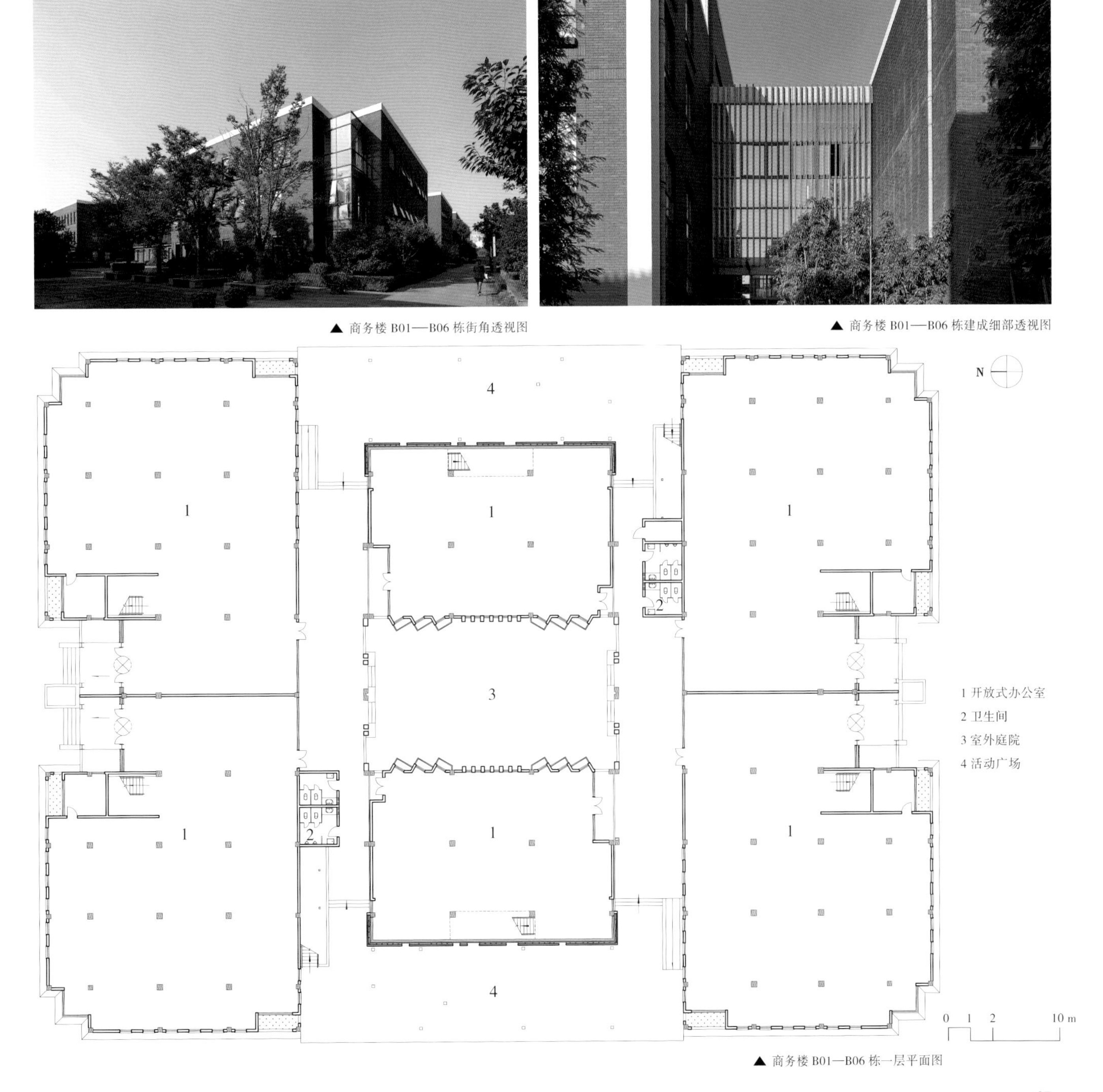

▲ 商务楼 B01—B06 栋街角透视图

▲ 商务楼 B01—B06 栋建成细部透视图

▲ 商务楼 B01—B06 栋一层平面图

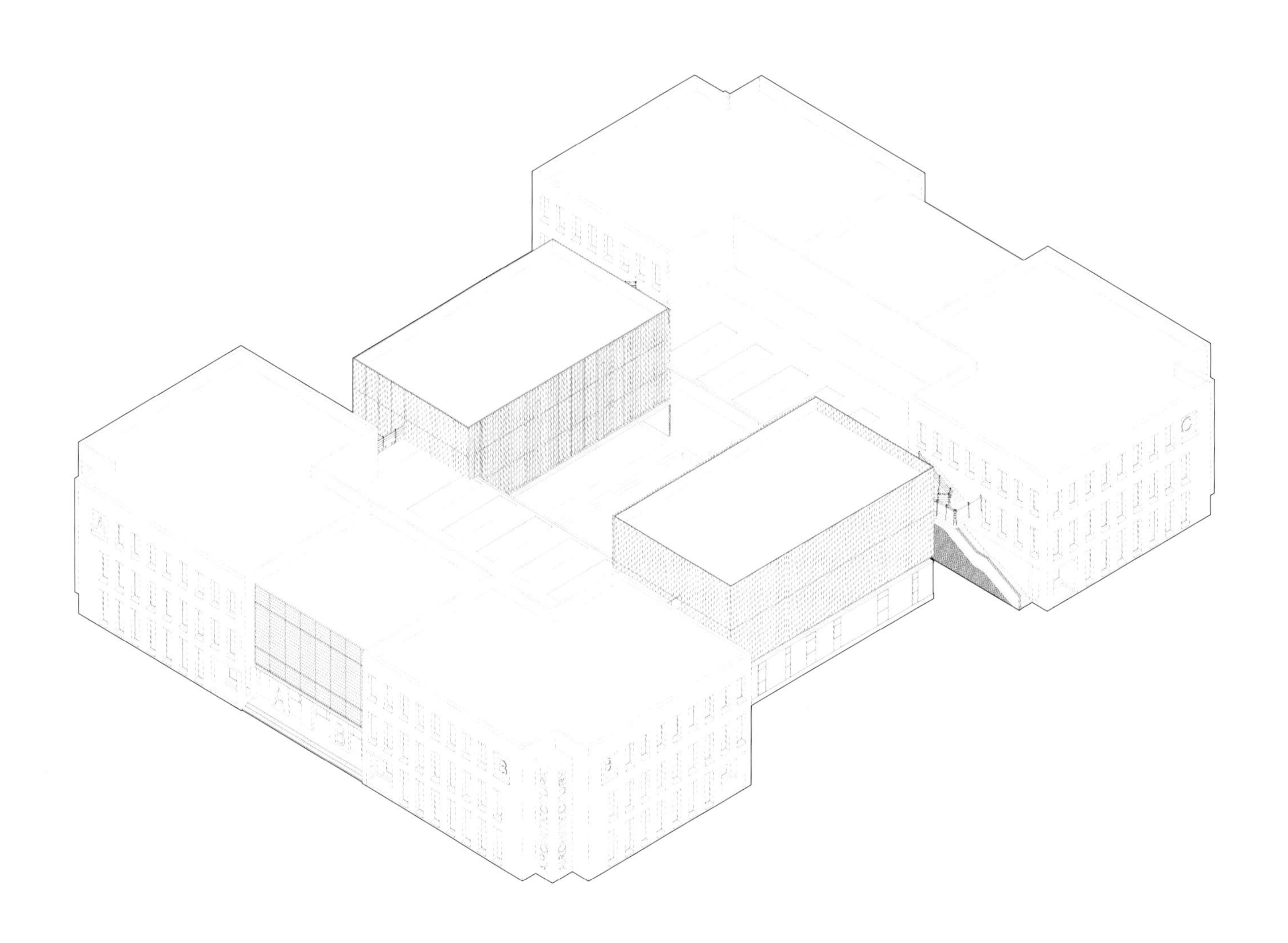

▲ 商务楼 B01—B06 栋轴测图

▲ 商务楼 B01—B06 栋施工过程

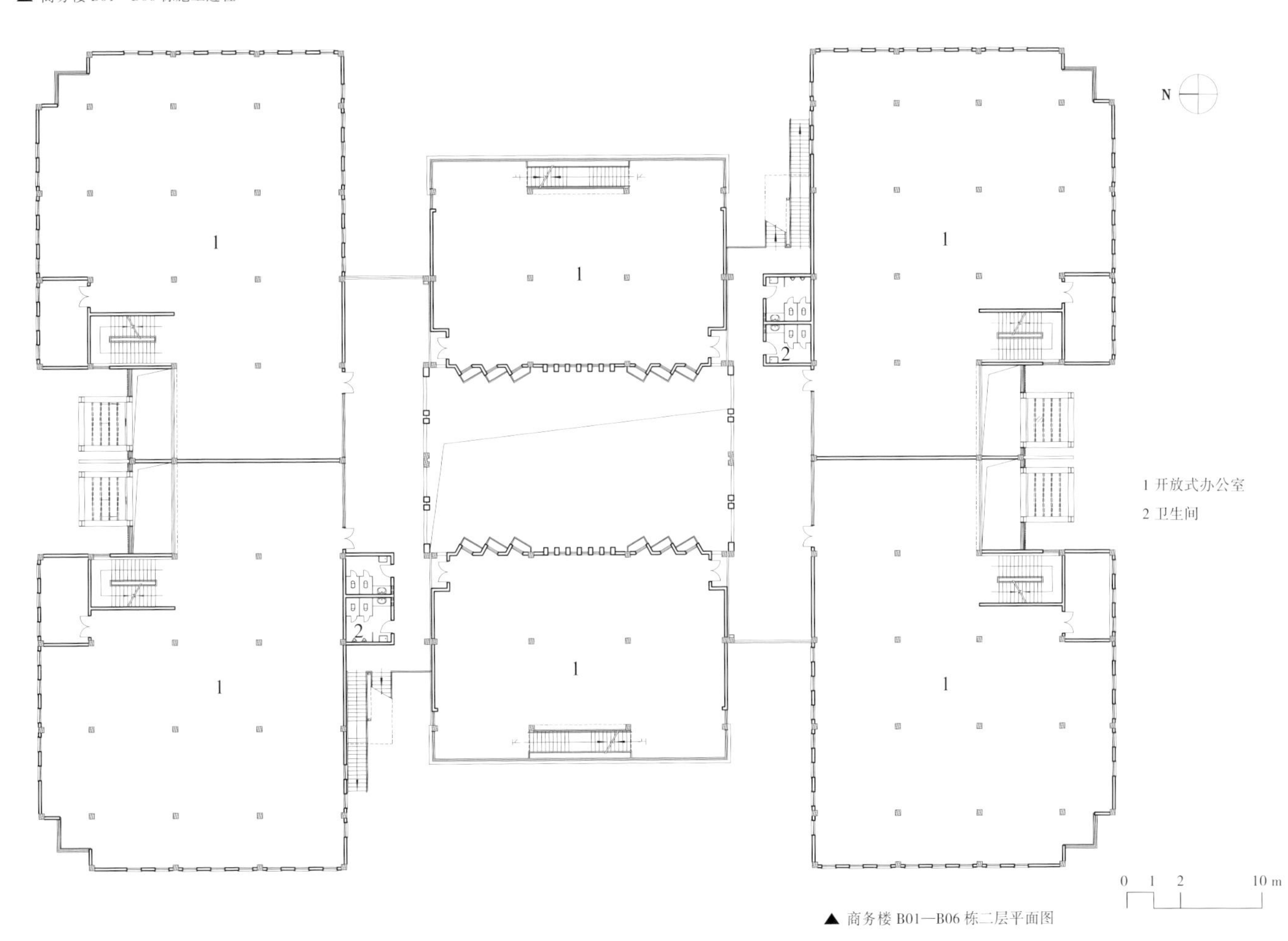

▲ 商务楼 B01—B06 栋二层平面图

◀ 商务楼 B01—B06 栋园区透视图

▼ 商务楼 B01—B06 栋步道透视图

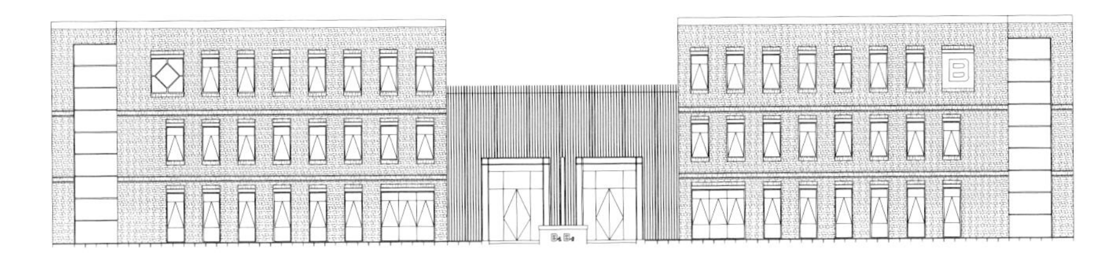

▲ 商务楼 B01—B06 栋南北立面图

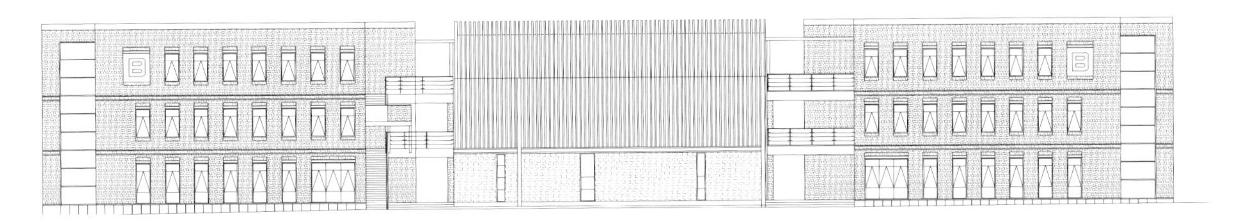

▲ 商务楼 B01—B06 栋东西立面图

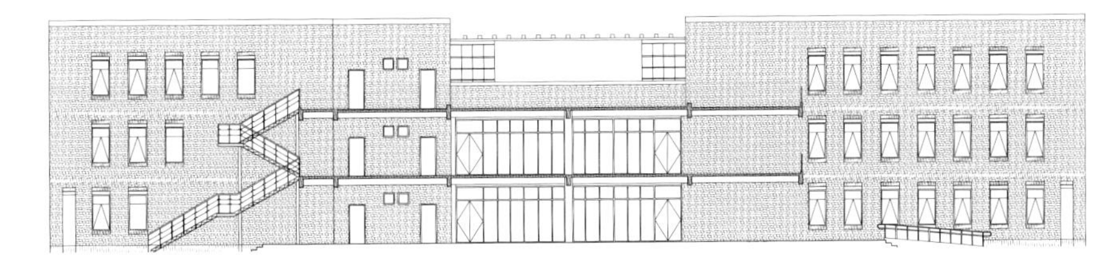

▲ 商务楼 B01—B06 栋东西剖面图

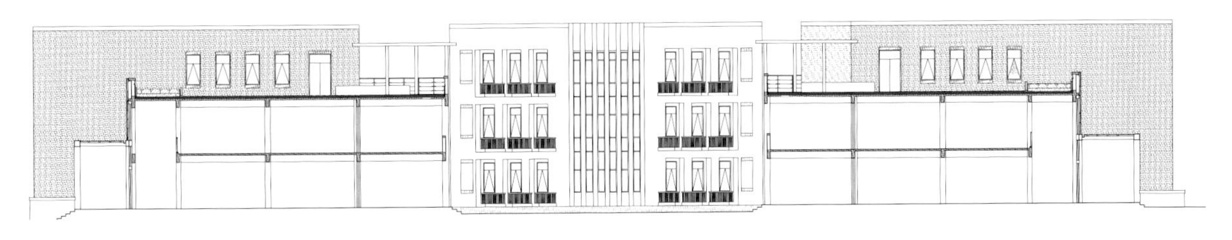

▲ 商务楼 B01—B06 栋南北剖面图

0 2 4 10 m

石榴
No.6 Rock City
mansion business park
财智中心
文化产业基地
THE CULTURAL INDUSTRY BASE

▼ 楼栋区位图

商务公馆

商务公馆采用独栋形态精心打造纯私密办公空间，每栋独享私有入户花园，拥有独立车位，高 3 层，层高 3.6 m，单体面积约 1 000 ㎡。

占地面积： 2 240 ㎡
建筑面积： 6 720 ㎡

建成时间： 2009 年

◀ 商务公馆主入口透视图

▲ 商务公馆主入口景观水池透视图

▼ 商务公馆 A01、A02 栋北侧透视图

▲ 商务公馆入口透视图

◀ 商务公馆 A06 东立面图

▼ 商务公馆 A06 庭院空间

▲ 商务公馆室外楼梯透视图

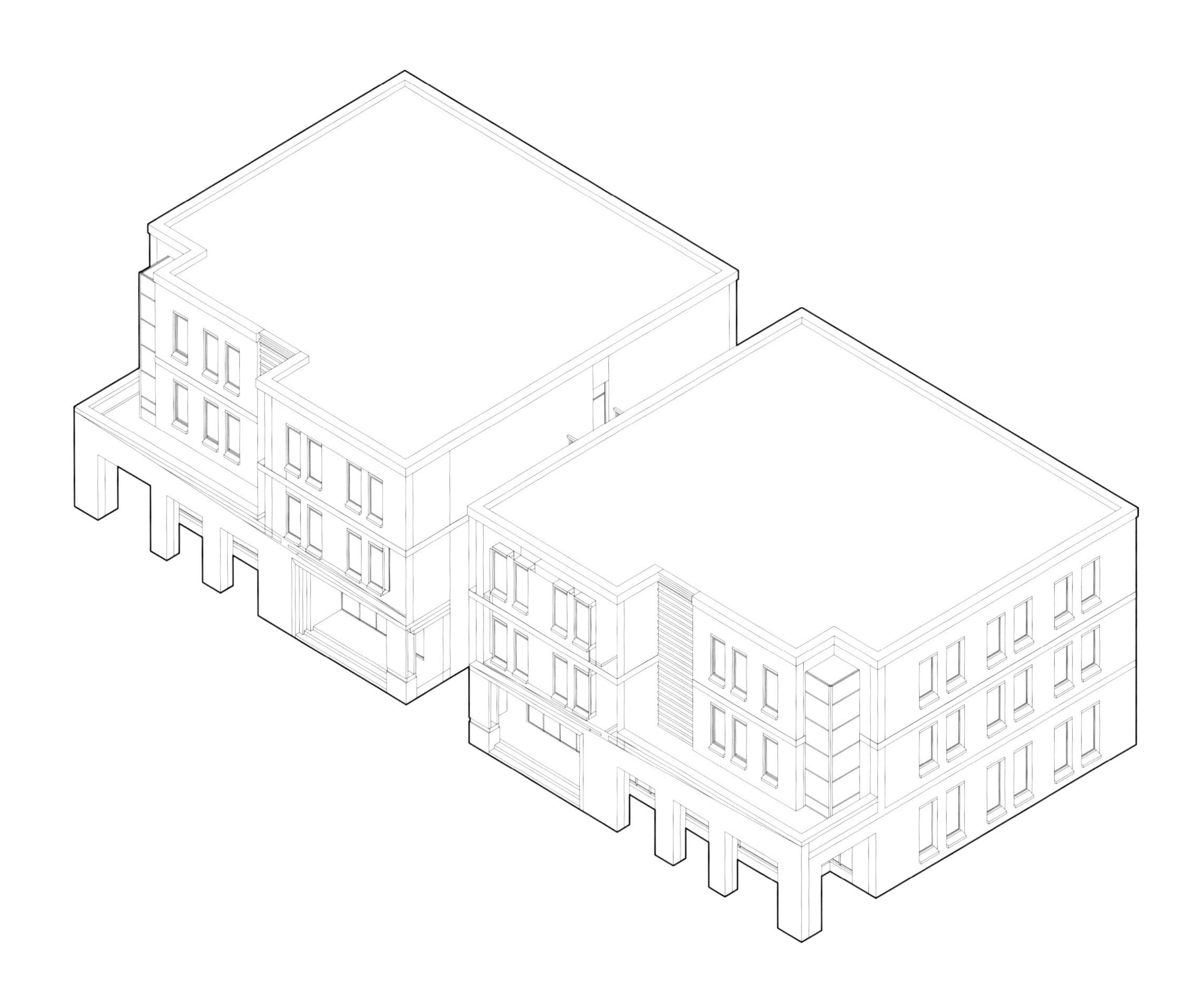

▲ 商务公馆 A01、A02 轴测分析图

▲ 商务公馆 A03—A05 施工过程

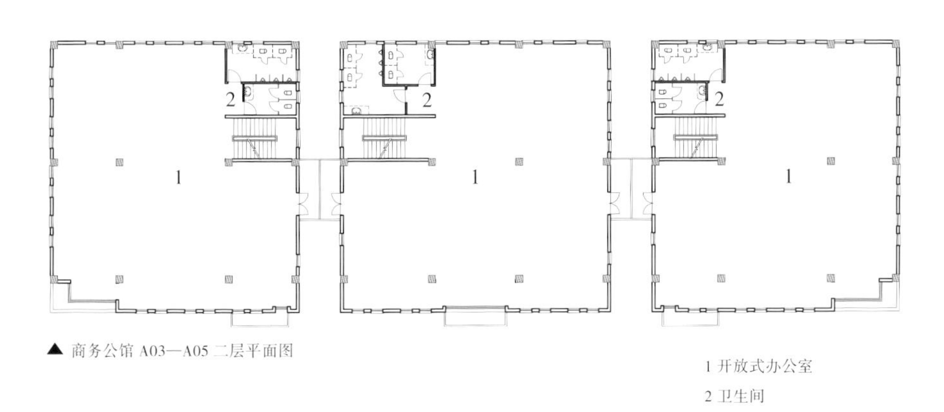

▲ 商务公馆 A03—A05 二层平面图

1 开放式办公室
2 卫生间

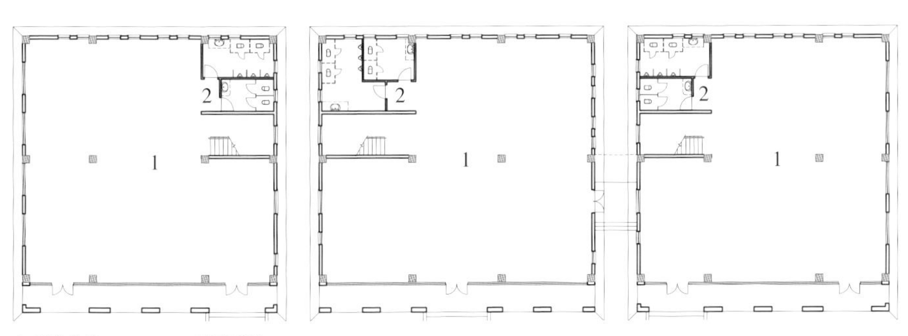

▲ 商务公馆 A03—A05 一层平面图

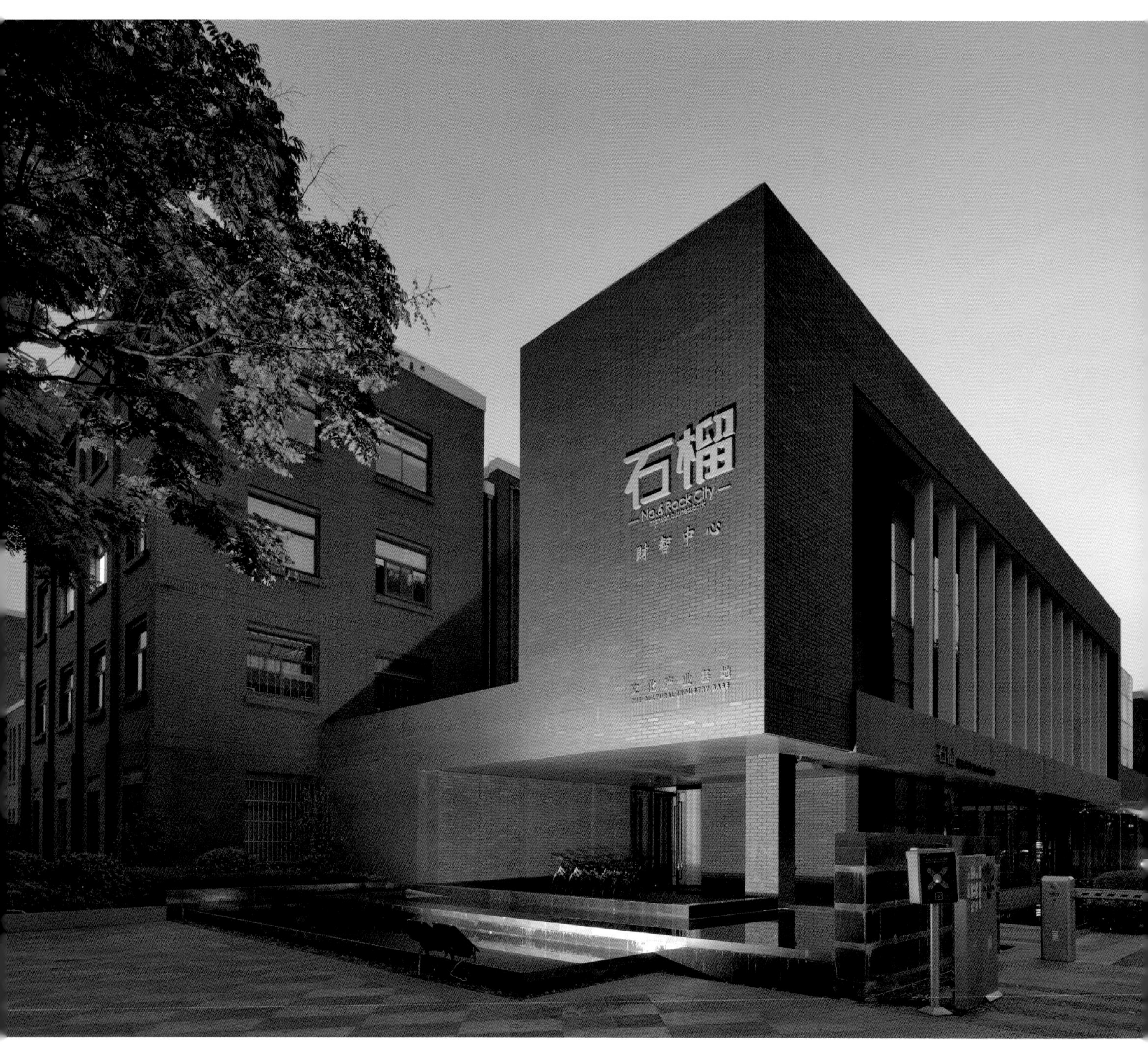

▲ 商务公馆 C01 栋北侧透视图

▲ 商务公馆 C01 栋入口广场透视图

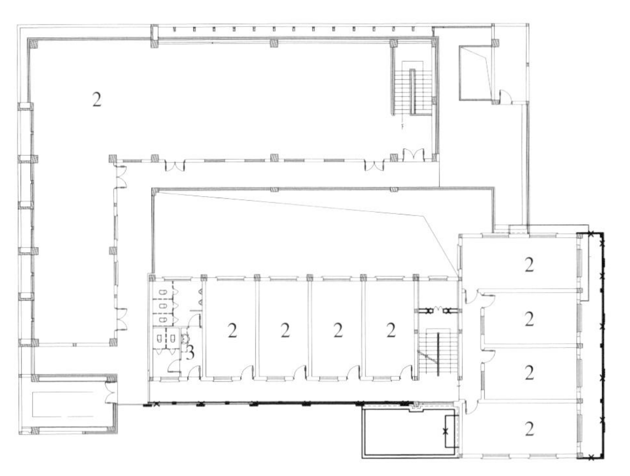

▲ 商务公馆 C01 栋二层平面图

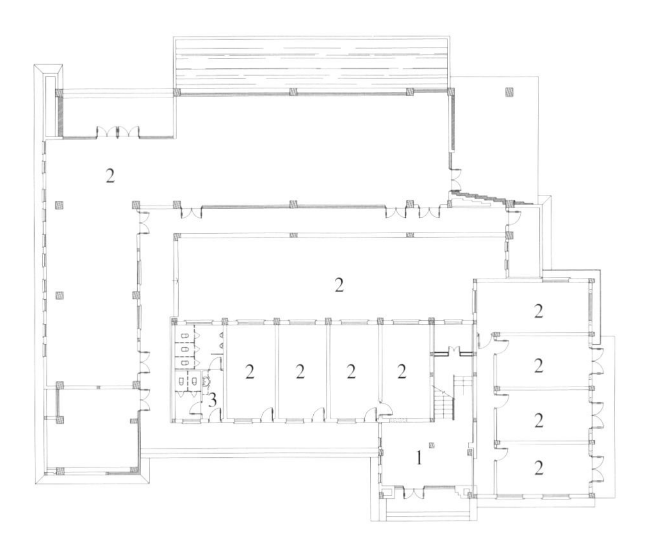

▲ 商务公馆 C01 栋一层平面图

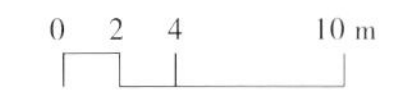

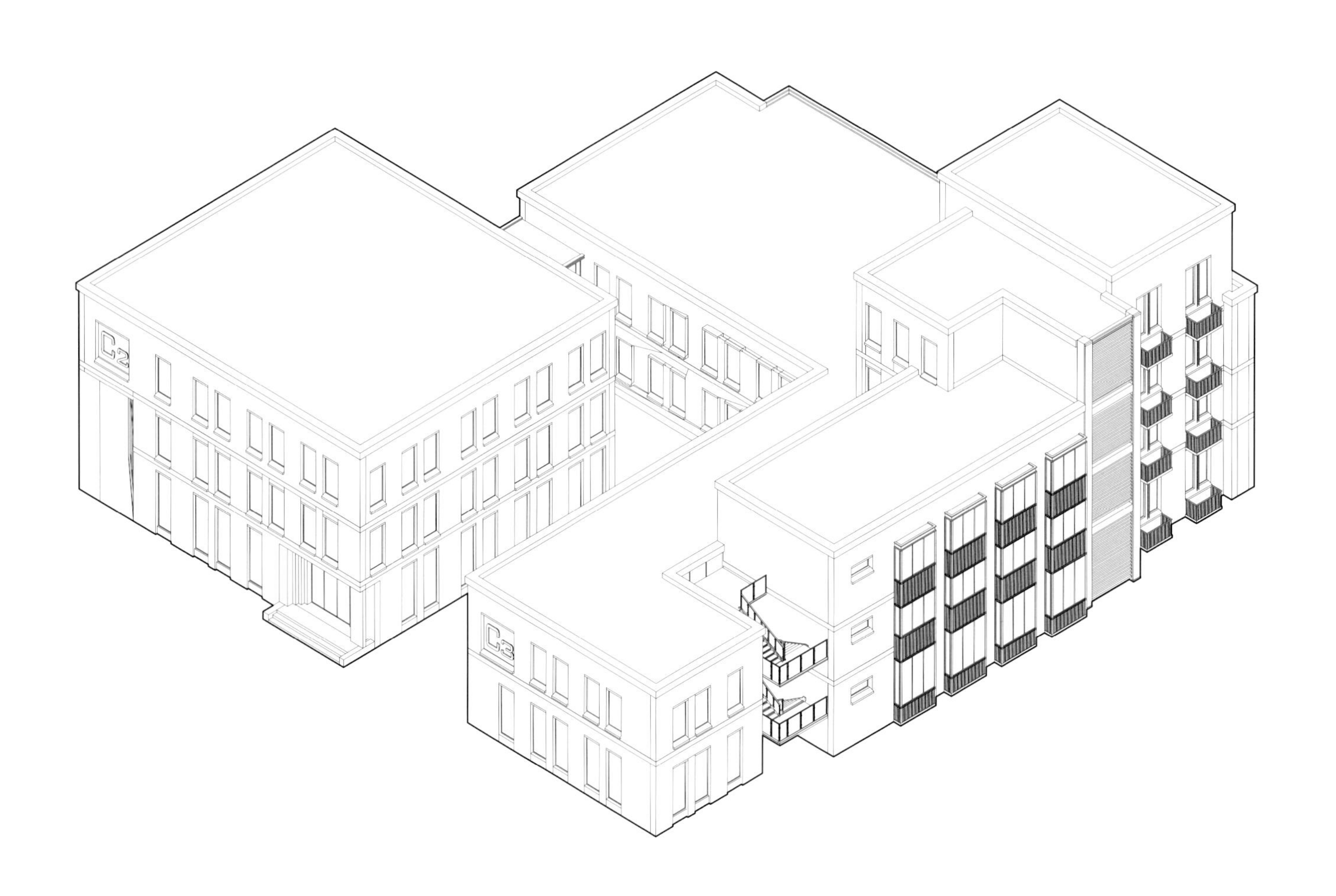

▲ 商务公馆 C02、C03 栋轴测分析图

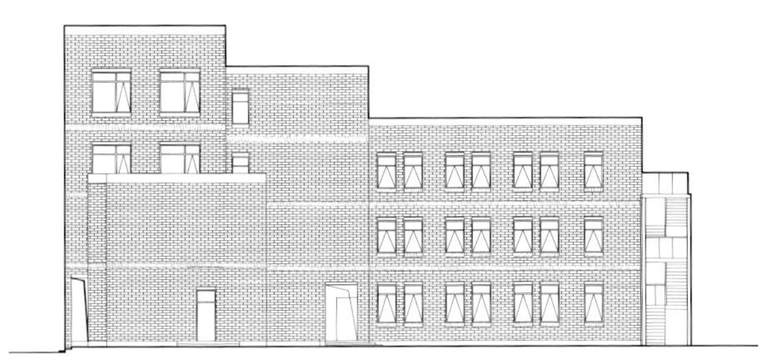

▲ 商务公馆 C02、C03 栋北立面图

▲ 商务公馆 C02、C03 栋西立面图

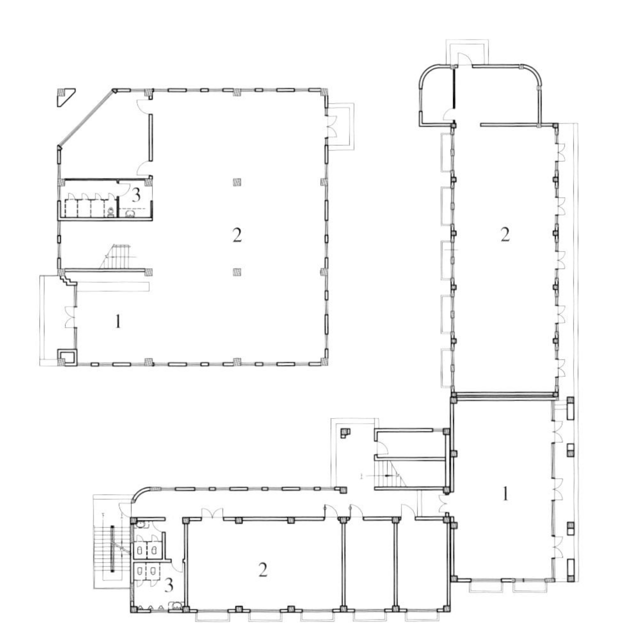

▲ 商务公馆 C02、C03 栋一层平面图

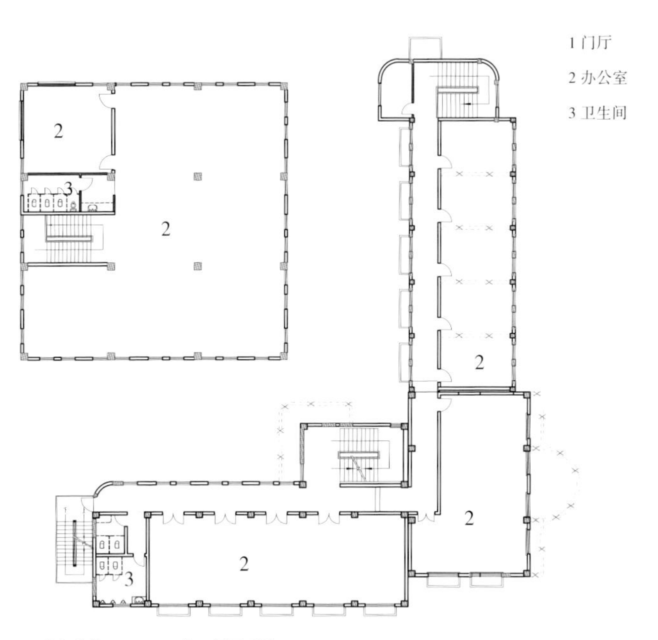

▲ 商务公馆 C02、C03 栋二层平面图

▲ 商务公馆透视图

▲ 商务公馆施工过程

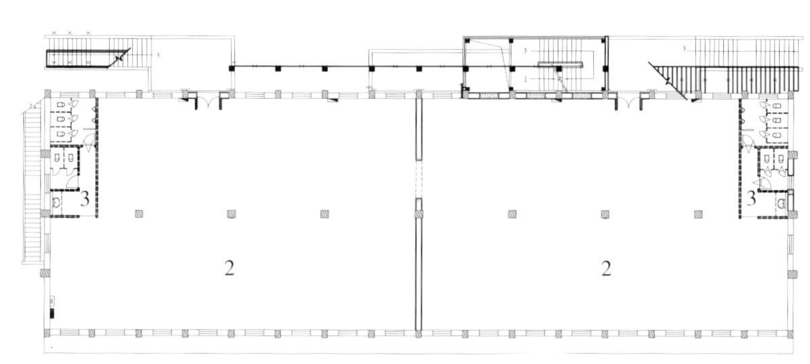

▲ 商务公馆 C04 栋二层平面图

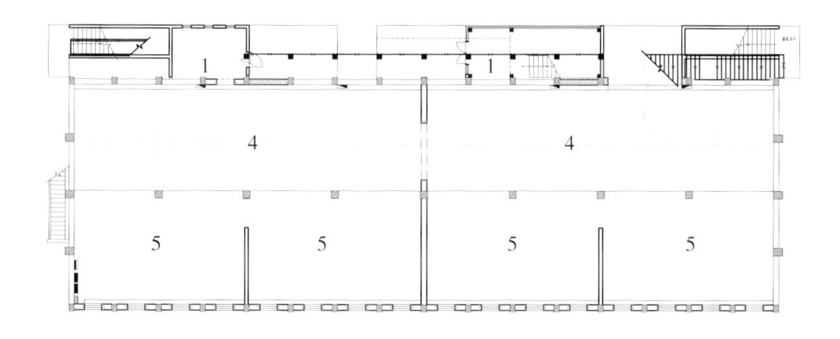

▲ 商务公馆 C04 栋一层平面图

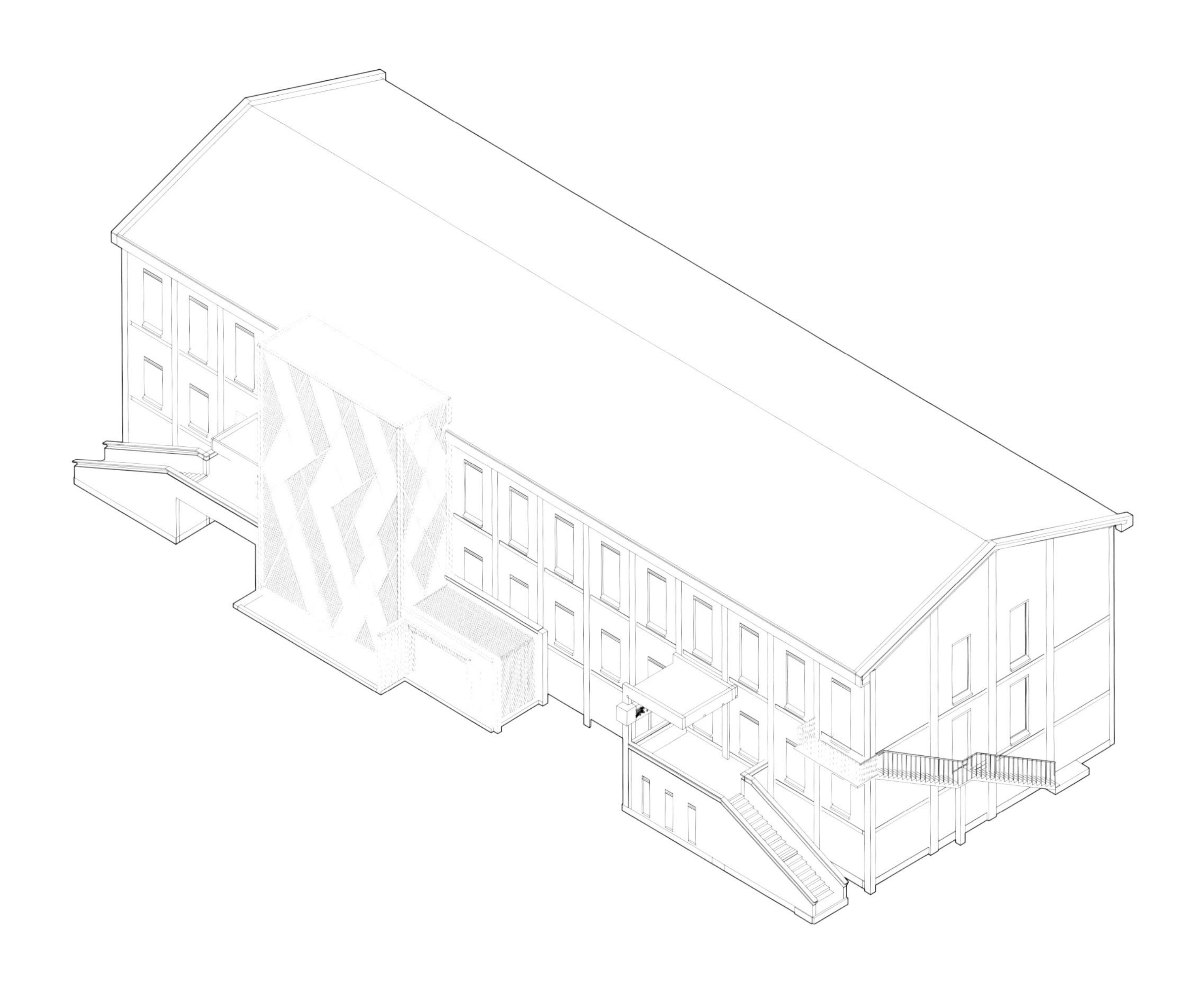

▲ 商务公馆 C04 栋轴测分析图

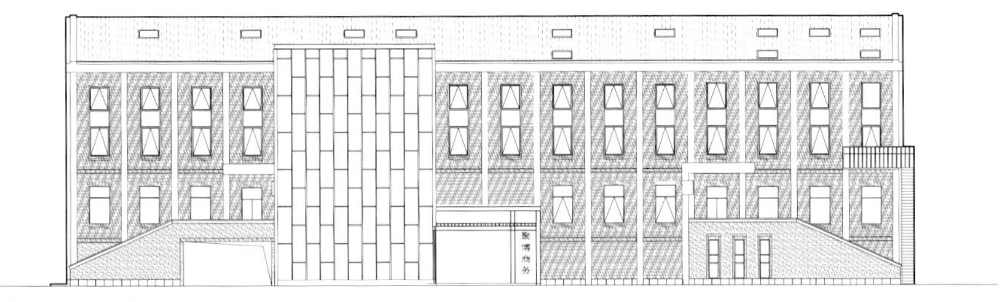

▲ 商务公馆 C04 栋北立面图

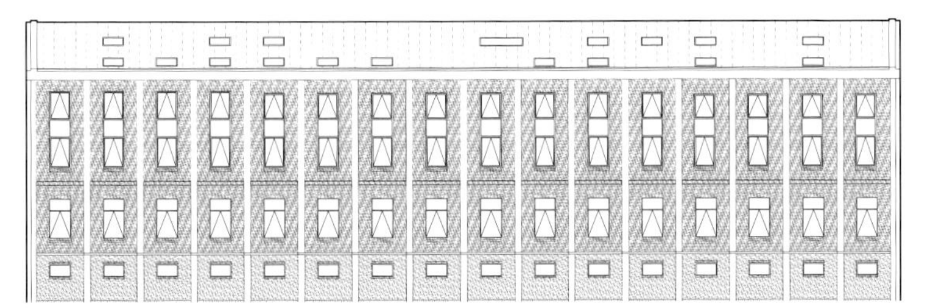

▲ 商务公馆 C04 栋南立面图

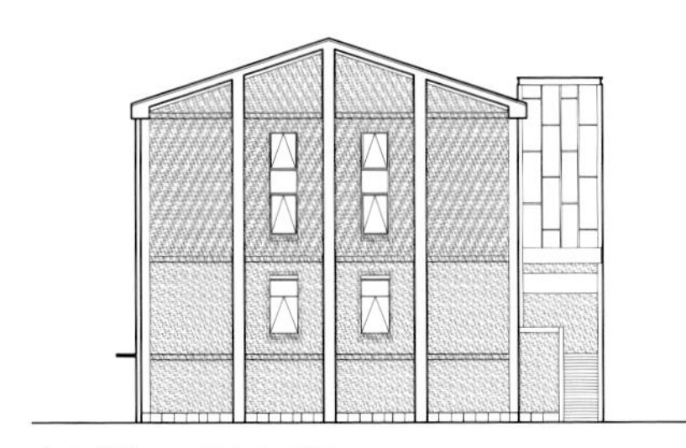

▲ 商务公馆 C04 栋东立面图

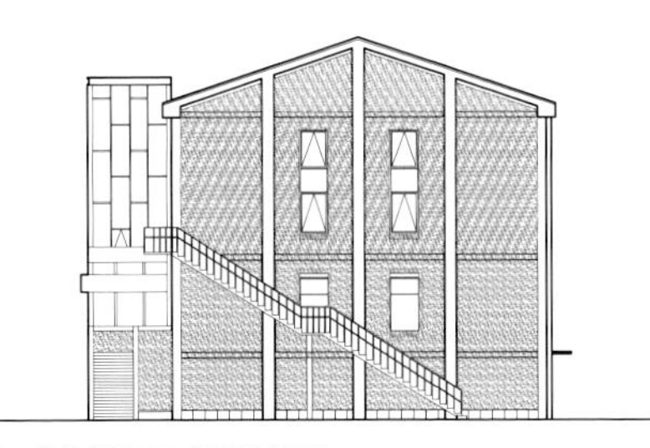

▲ 商务公馆 C04 栋西立面图

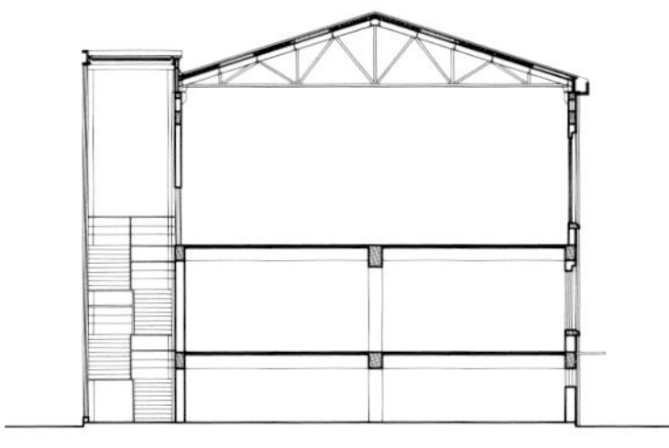

▲ 商务公馆 C04 栋剖面图

▼ 楼栋区位图

LOFT 创意办公空间

在原有粮油仓库基础上改建 LOFT 办公空间，外立面通过钢架、钻石形幕墙、灰砖、冲孔铝板等精致处理，展现工业时代与现代文明的交错，营造充满想象力的创意空间和工作氛围。使用现代化的砌砖技术，引入新的建筑材料与原有建筑材料进行对比、产生碰撞，在重新利用原有内部空间的同时展现新的立面形象。

秦淮河一侧外立面采用玻璃幕墙与穿孔板设计。幕墙通过极具韵律的排列方式，使幕墙、天光、河面相互映射，呈现一年四季及一天早中晚的不同景象，有蓝天、白云映衬，也有河面波光粼粼，增添了文化与建筑的诗情画意。一、二层外立面的穿孔板设计，通过控制穿孔板的形状塑造抽象的“鬼脸”形象，通过控制孔洞的大小，使穿孔板的纹理与周边的自然环境和谐统一，使秦淮河、石头城“鬼脸”通过建筑实现了空间与时间的对话。

占地面积：2 130 ㎡
建筑面积：4 260 ㎡

建成时间：2009 年

◀ LOFT D01 栋西侧透视图

LOFT D01 栋西侧沿河透视夜景图 ▶

LOFT D01 栋西侧沿河透视图 ▶

▲ LOFT D01 栋室外楼梯 & 幕墙

▲ LOFT D01 栋东侧入口

◀ LOFT D01 栋东侧透视图

▲ LOFT D01 栋入口透视图

▲ LOFT D01 栋室外楼梯

▲ LOFT D01 栋墙面细部透视图

▲ LOFT D01 栋灰空间

▲ LOFT D01 栋施工过程

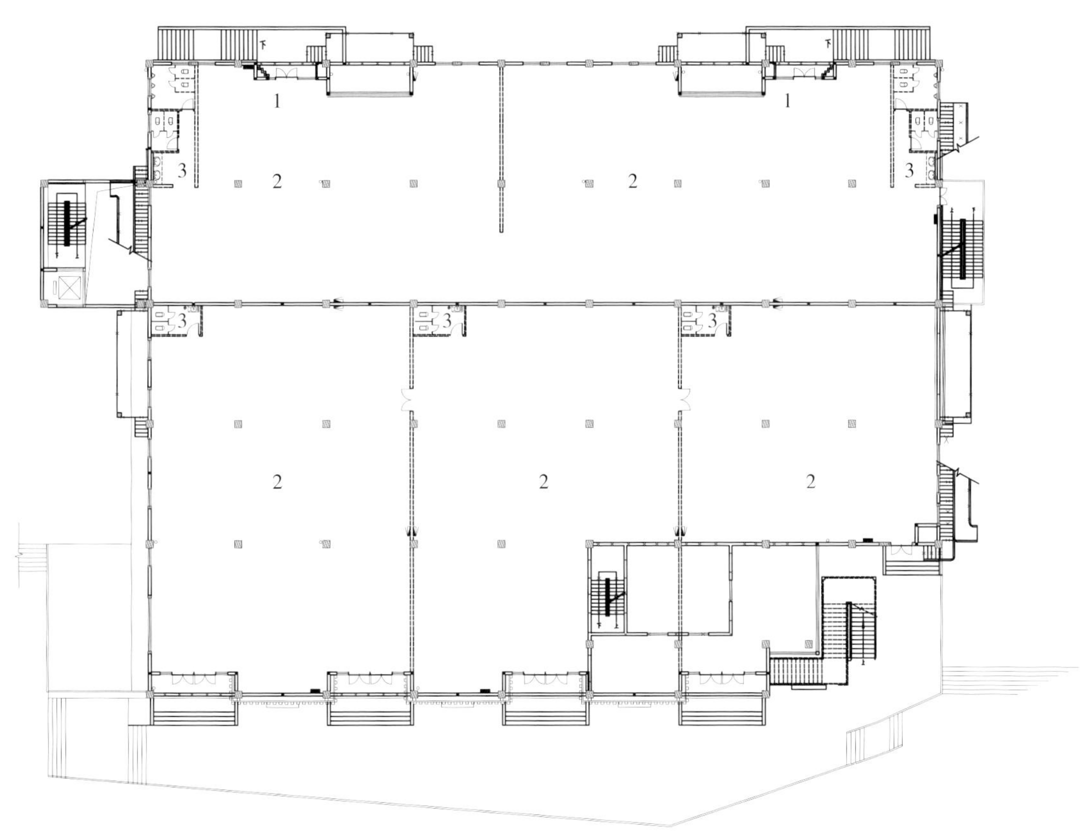

1 门厅

2 办公室

3 卫生间

▲ LOFT D01 栋一层平面图

◀ LOFT D01 栋入口透视图

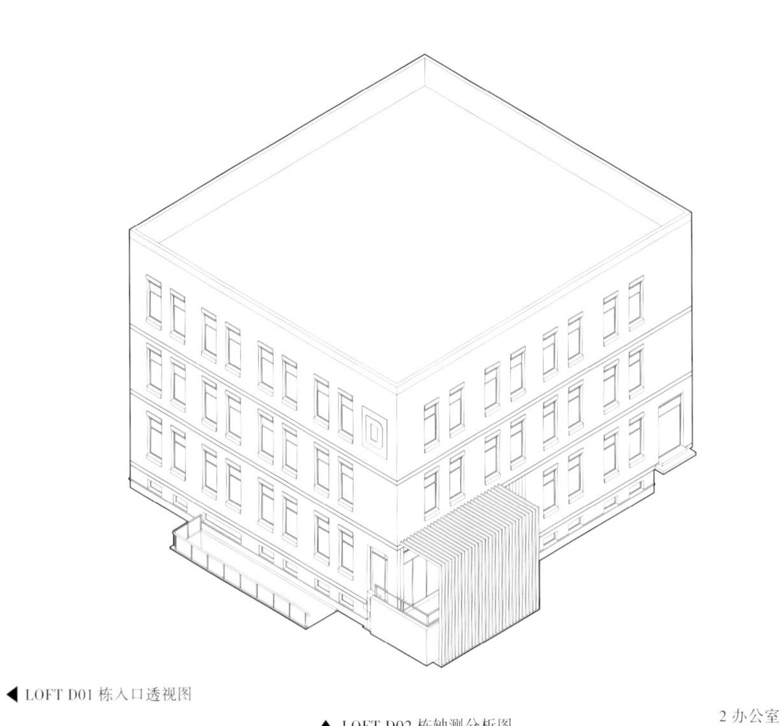

▲ LOFT D02 栋轴测分析图

◀ LOFT D01 栋立面图

2 办公室

3 卫生间

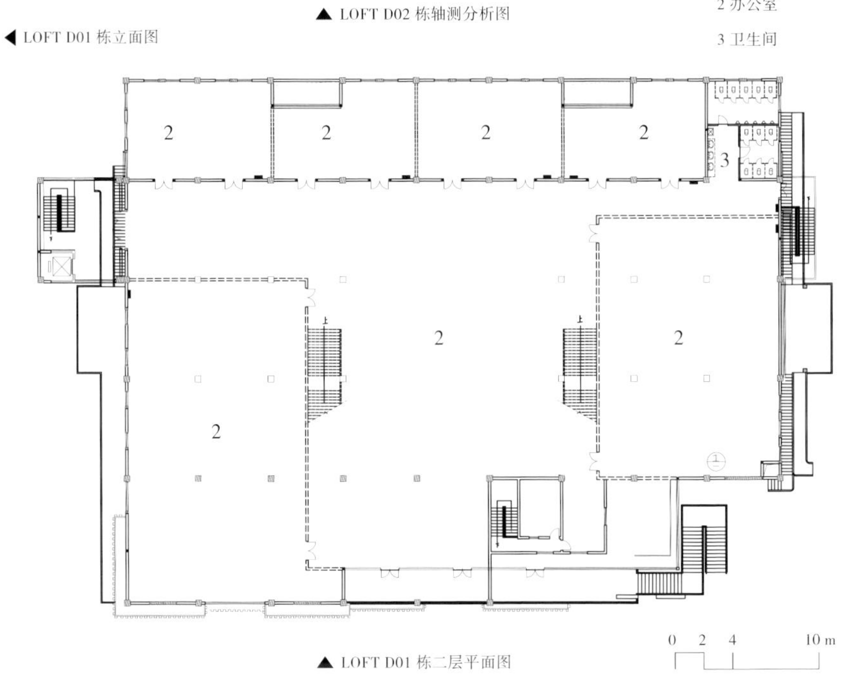

▲ LOFT D01 栋二层平面图

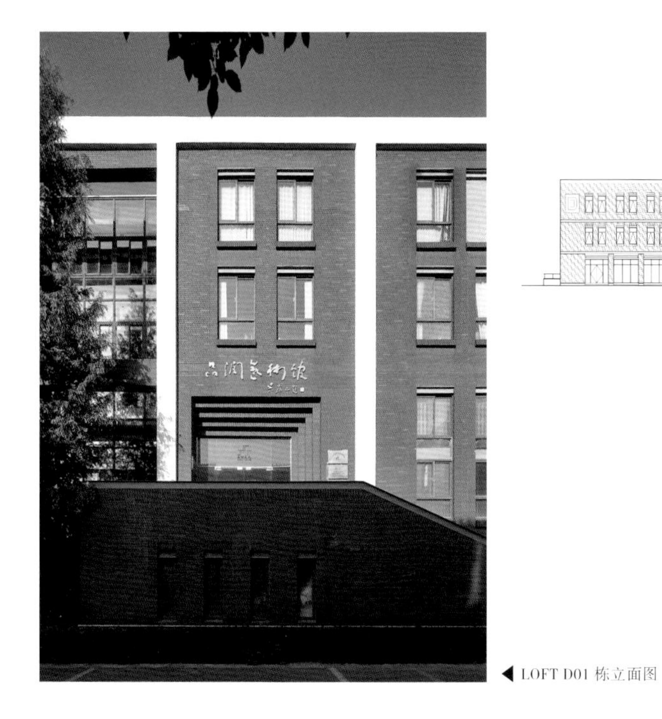

◀ LOFT D01 栋立面图

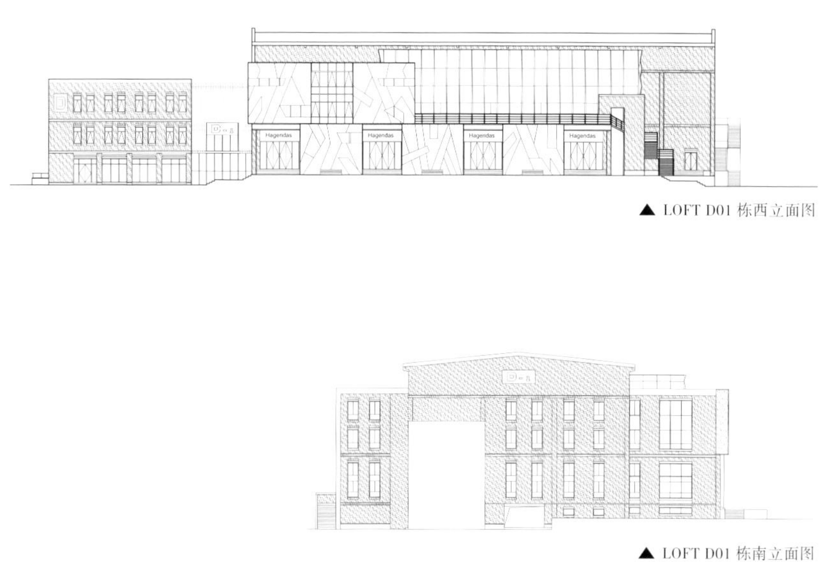

▲ LOFT D01 栋西立面图

▲ LOFT D01 栋南立面图

◀ LOFT D01 栋室外楼梯

▲ LOFT D01、D02 栋东立面图

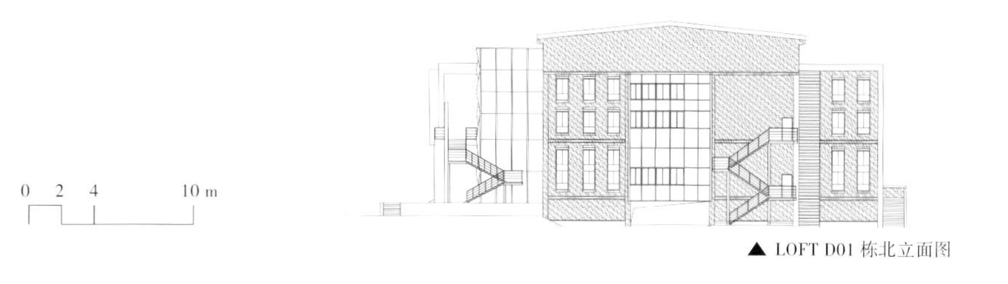

▲ LOFT D01 栋北立面图

04 景观 Landscape

入口景观广场

内部庭院 & 景观步道

屋顶花园

05 室内
Interior

◀ LOFT D01 栋二层媒体发布大厅效果图

▲ LOFT D01 栋二层媒体发布大厅不同展台设计效果比对

1 办公

2 卫生间

3 媒体发布大厅

▲ LOFT D01 栋二层媒体发布大厅平面图

商务公关 C04 栋一层健身房室内拳击区 ▶

▲ 商务公关 C04 栋一层健身房器械区

▲ 商务公馆 C04 栋一层健身房入口透视图

▲ 商务公馆 C04 栋一层健身房入口透视图

▲ 商务公馆 C04 栋一层健身房室内拳击区

◀ 商务公馆 C04 栋一层健身房入口

◀ 商务公馆 C04 栋一层健身房器械区

▼ 商务公馆 C04 栋一层健身房器械区

▲ 商务公馆 C04 栋一层健身房器械区

▲ 商务公馆 C04 栋一层健身房器械区

▲ 商务公馆 C04 栋一层健身房休闲区

▲ 商务公馆 C04 栋一层健身房器械区

▲ 商务公馆 C04 栋一层健身房更衣区

06 细部
Detail

▲ 面砖细部透视图

砖

石头城是金陵文化的发源地。千百年来，伴着脚下的秦淮河水，惯看秋月春风。石榴财智中心以石头城遗址为背景，以“砖文化”为主题，在尊重历史、保护历史的同时，截取历史片段，赋予建筑新的艺术生命力。

◀ 窗口细部

▼ 金属格栅细部

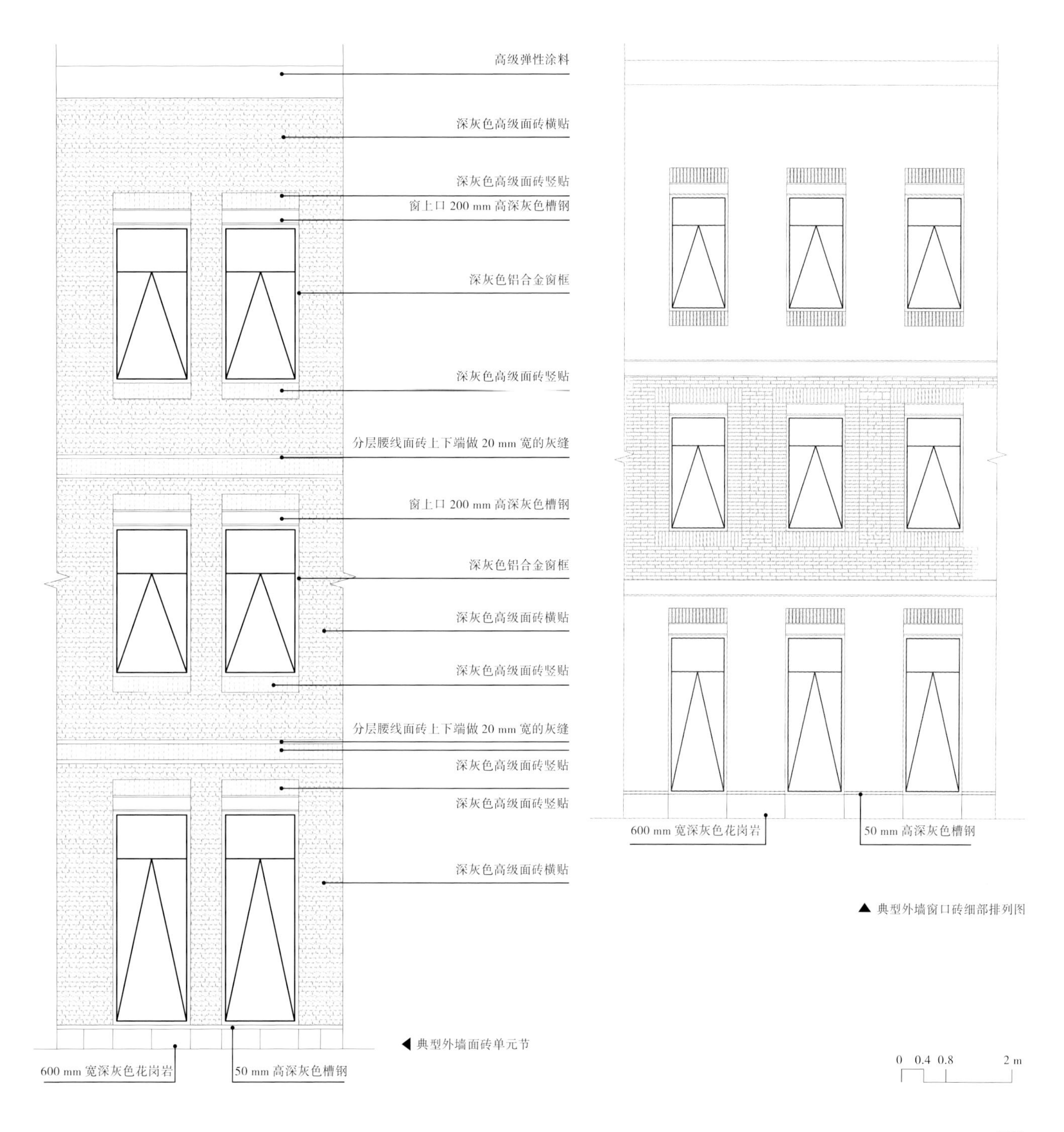

◀ 典型外墙面砖单元节

▲ 典型外墙窗口砖细部排列图

▲ LOFT 面砖细部

▲ 商务楼面砖细部

▲ 商务楼面砖细部

◀ LOFT 面砖细部

▼ 商务楼面砖细部

▲ 穿孔板细部透视图

穿孔板

以“石头城鬼脸”为母题，提取抽象化形象，表现在场地西侧秦淮河岸边建筑立面的穿孔板上，丰富了秦淮河岸边表情，并与石头城历史公园遗址产生呼应。

▲ 石头城公园（鬼脸照镜子）

▲ 以“石头城鬼脸”为母题的穿孔板图案

▲ 穿孔板照片

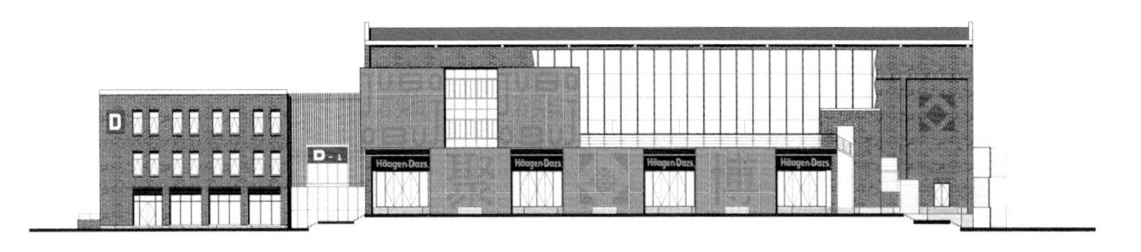

▲ LOFT D01 栋西立面设计效果图

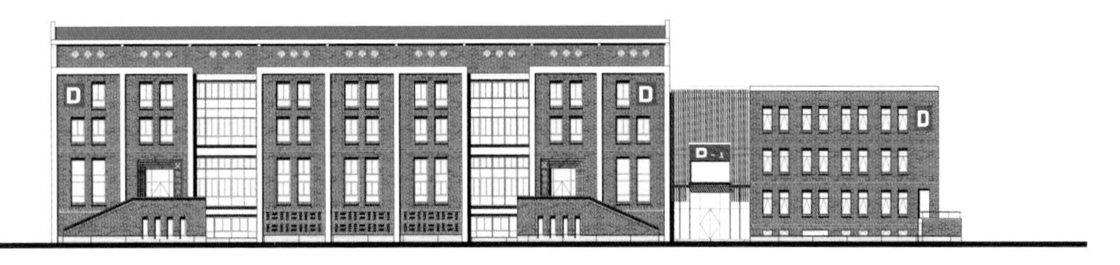

▲ LOFT D01 栋东立面设计效果图

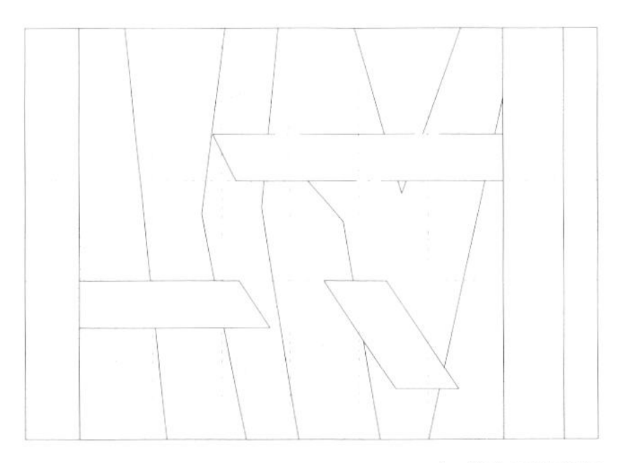

▲ 穿孔板设计图

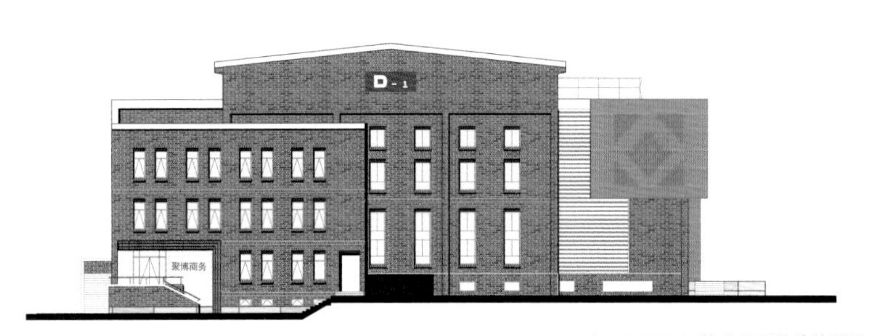

▲ LOFT D01 栋北立面设计效果图

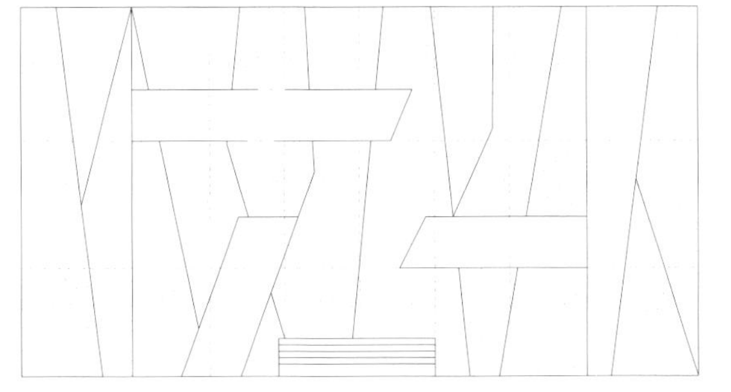

▲ 穿孔板设计图

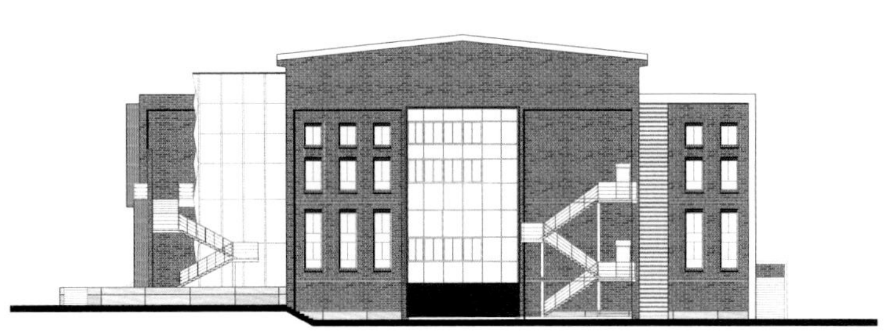

▲ LOFT D01 栋南立面设计效果图

作者简介

肖鲁江

研究员级高级建筑师
中国国家一级注册建筑师
美国注册建筑师
AIA 美国建筑师协会会员

江苏省勘察设计行业协会理事
江苏省绿色建筑标识评审专家委员会委员
江苏省勘察设计行业优秀企业家
南京市勘察设计行业协会副理事长
南京市住建委建筑评审委员会专家
南京市城乡规划委员会专家咨询委员会常任专家
《南京勘察设计》杂志编委

实践建筑师，长期从事建筑设计工作，具有丰富的中国及海外建筑设计工作经历，所负责项目曾获得国家建设部建筑设计金奖，多次获得美国AIA design excellent奖项以及省、市优秀设计一等奖和专项奖。

对中外建筑设计体系有系统研究，主持和参与了《中美建筑设计管理制度研究》《中外建筑设计管理制度框架研究》等省级重点课题和科技项目。

设计团队

委托方：　江苏石头城文化产业发展有限公司

设计公司：　CTA 城镇设计

主创建筑师：　肖鲁江

建筑设计：　林杰文

谢　辉

张金水

结构设计：　张宗良

于洪泳

给排水设计：　关丹桔

暖通设计：　王　琰

电气设计：　姚　军

厉方宁

摄影：　高　峰